A-XI YUANSU DE DIANZI JIEGOU JISUAN

锕系元素的电子结构计算

李如松　著

西北工业大学出版社

西安

【内容简介】 本书共分 5 章,第 1 章简要介绍目前常见的第一性原理方法,随后 4 章论述分子结构,原子间作用势,金属和化合物性质,以及合金性质的第一性原理计算。本书条理论述严谨、实例具有典型性。

本书可作为凝聚态物理、计算物理、核科学技术和材料科学等相关学科领域的参考资料。

图书在版编目(CIP)数据

锕系元素的电子结构计算/李如松著. —西安:
西北工业大学出版社,2018.2
ISBN 978 - 7 - 5612 - 5886 - 6

Ⅰ. ①锕… Ⅱ. ①李… Ⅲ. ①锕系元素-电子结构-
计算 Ⅳ. ①O614.35

中国版本图书馆 CIP 数据核字(2018)第 038593 号

策划编辑:张 晖
责任编辑:孙 倩

出版发行:西北工业大学出版社
通信地址:西安市友谊西路 127 号 邮编:710072
电 话:(029)88493844 88491757
网 址:www.nwpup.com
印 刷 者:兴平市博闻印务有限公司
开 本:727 mm×960 mm 1/16
印 张:9.75
字 数:162 千字
版 次:2018 年 2 月第 1 版 2018 年 2 月第 1 次印刷
定 价:40.00 元

前　　言

目前,强关联电子体系是凝聚态物理中一个研究热点。对于弱关联电子体系而言,基于局域密度近似(LDA)或者广义梯度近似(GGA)的密度泛函理论(DFT)能够解释和预测许多基态性质和电子结构。然而,LDA 和 GGA 在强关联电子体系的应用完全是失效的。在过去数十年里,物理学家提出了许多新方法来研究强关联体系,比如 DFT＋U、杂化泛函、动力学平均场理论(DMFT)等。本书在详细推导各种理论方法的基础上,列举典型强关联体系(尤其是锕系金属、化合物和合金)的一些计算实例。

本书的读者应具备凝聚态物理、量子力学、密度泛函理论和原子核物理等方面的基础知识,感兴趣的读者同样可以阅读参考文献。在编写过程中,为了适合凝聚态物理、计算物理和材料科学等交叉学科领域的科研人员使用,书中物理概念、物理图像和公式推导力求简明扼要。

本书的研究内容得到国家自然科学基金项目(51401237,11474358,51271198)、中央引导地方科技发展专项(2017ZY－CXPT－13)、陕西省教育厅专项科研计划项目(352056281)和国防科技基金项目(2301003,［2014］689,2015ZZDJJ02,2014QNJJ018)的经费资助。

此外,在本书编写过程中得到西京学院理学院和科研处领导的支持和帮助,以及辛督强副教授、王震教授、黄世奇教授、王智健教授、王金涛博士、牛莉博博士、王飞博士、王永仓教授、王凯副教授、周晓华副教授、李拓副教授、宋磊博士的帮助,在此一并表示感谢。

最后,笔者恳请广大读者对本书中尚未发现的遗漏和不妥之处提出宝贵的意见,以便再版时加以更正。

李如松

2017 年 12 月于西京学院

目　　录

第1章　第一性原理方法

在凝聚态物理中,固体一般被描述为正电荷原子核和负电荷电子构成的集合体。对于原子序数为 Z 的多电子体系,Hamiltonian 量可以表示为

$$\hat{H} = -\frac{\hbar^2}{2}\sum_i \frac{\nabla^2_{\mathbf{R}_i}}{M_i} - \frac{\hbar^2}{2}\sum_i \frac{\nabla^2_{r_i}}{m_e} - \frac{1}{4\pi\varepsilon_0}\sum_{i,j} \frac{e^2 Z_i}{|\mathbf{R}_i - r_j|} +$$

$$\frac{1}{8\pi\varepsilon_0}\sum_{i\neq j} \frac{e^2}{|r_i - r_j|} + \frac{1}{8\pi\varepsilon_0}\sum_{i\neq j} \frac{e^2}{|\mathbf{R}_i - \mathbf{R}_j|} \qquad (1.1)$$

式中,原子核的原子质量为 M_i;电子质量为 m_e。第一项是原子核的动能算符,第二项是电子的动能算符,第三项是电子和原子核之间的 Coulomb 相互作用,最后两项分别是电子之间 Coulomb 相互作用,以及原子核之间 Coulomb 相互作用。求解式(1.1)是一项不可能完成的任务,因此必须采取的近似处理才能获得合理的解。

1.1　密度泛函理论

实际上,固体的大部分电子结构计算基于密度泛函理论(DFT),该方法来源于 Hohenberg,Kohn 和 Sham 的工作。而且,密度泛函理论目前是凝聚态物理和量子化学中解决多体量子力学问题的最普遍方法。密度泛函理论实现了将含有 N 个变量的系统映射为单一变量(即系统的密度),因此与传统的从头算理论相比,密度泛函理论明显减少了计算时间,而且基本上计算精度是可以接受的。从原理上讲,密度泛函理论是一种"准确"理论,适用于任何具有外部作用势的相互作用系统。在处理交换-关联效应时,采用泛函方法进行近似。通过包含局域、半局域和动力学等效应,DFT 获得了明显的进展,同时增加了计算的预测能力和精度。

从原理上讲,Kohn - Sham 方程的解是精确的,但是从上述 Kohn - Sham 的讨论可知,目前无法获得交换-关联泛函的解析表达式。根据体系的不同,采用不同的近似方法来处理这个泛函,比如局域密度近似(LDA)和广义密度近似(GGA),详见相关的教科书。DFT 中平面波基组的展开方法包括赝势 PP(比如 Castep 和 VASP 软件)、投影缀加波 PAW(比如 VASP 和 ABINIT

软件)、全势局域轨道最小基(比如 FPLO 软件)、缀加平面波 APW(比如 WIEN2K 软件)、线性缀加平面波 LAPW(比如 WIEN2K 软件)和缀加平面波＋局域轨道 APW＋lo(比如 WIEN2K 软件)、精确 muffin－tin 轨道 EMTO(比如 Vitos 开发的 EMTO)等。

对于多电子体系,虽然很容易写出从头算哈密尔顿量,但是不可能进行求解。这是由于电子-电子相互作用将每一个电子与其他所有电子关联起来,所以需要大量的近似来处理哈密尔顿量,或者采用非常简化的模型哈密尔顿量对其进行替换。目前,固体电子性质的研究主要采用两种方法,即密度泛函理论(DFT)和多体方法。众所周知,DFT 及其局域密度近似(LDA)已经成功地应用于许多真实材料的电子结构计算。然而,对于强关联材料(即 d 和 f 电子系统,其中 Coulomb 相互作用与带宽数值相当),DFT 的精度和可靠性受到严重的影响。因为存在系统理论技术手段精确地考虑多电子问题,所以模型 Hamiltonian 方法更加普遍和强大,这些多体技术能够描述各种物理现象的定性趋势。实际上,通过在 Hamiltonian 量中添加局域电子的在位Coulomb 相互作用 U、交换-关联作用势采用杂化泛函方法、采用最近提出的Gutzwiller 变分密度泛函理论(由中国科学院物理研究所戴希等提出)或者动力学平均场理论(DMFT,LDA＋DMFT 方法首先由 Anisimov 等提出),将DFT/LDA 描述从头算 Hamiltonian 量弱关联部分,即 s 和 p 轨道中的电子,以及 d 和 f 电子的长程相互作用)的优势,与 DMFT 描述由 d 或 f 电子的局域 Coulomb 相互作用所致强关联性的优势有机地结合起来。

1.2　DFT＋U

关联材料中最重要的是相同晶格位置上 d 和 f 电子之间的局域 Coulomb相互作用,因为这些局域轨道之间明显的重叠行为将会导致强烈的关联性,所以这些位置上的贡献是最大的。为了对这些贡献进行修正,可以采用局域电子(假设 $i = i_d, l = l_d$)之间的局域 Coulomb 相互作用 $U^{\sigma\sigma'}_{mm'}$ 对 LDAHamiltonian 量进行修正:

$$\hat{H}_{\text{LDA+correl}} = \hat{H}_{\text{LDA}} + \frac{1}{2} \sum_{i=i_d, l=l_d, m\sigma m'\sigma} U^{\sigma\sigma'}_{mm'} \hat{n}_{ilm\sigma} \hat{n}_{ilm'\sigma'} - \hat{H}^{\text{U}}_{\text{LDA}} \qquad (1.2)$$

其中 ′ 表示至少需要两个不同的算符指数,为了避免已经包含在 $\hat{H}_{\text{LDA}}$ 中局域Coulomb 相互作用的双计数,需要减去 $\hat{H}^{\text{U}}_{\text{LDA}}$ 项。因为模型 Hamiltonian 方法和 LDA 存在直接的联系,所以不能通过 U 和 ρ 严格地表示 $\hat{H}_{\text{LDA}}^{\text{U}}$。考虑到 LDA 能够很好地计算单个原子的总能,所以通过原子极限下相互作用可以很好地近似表示对应于 $\hat{H}_{\text{LDA}}^{\text{U}}$ 的平均能 $E_{\text{LDA}}^{\text{U}}$。对于与轨道和自旋无关的 $U_{mm'}^{\sigma\sigma'} = U$

$$E_{\text{LDA}}^{\text{U}} = \frac{1}{2}Un_d(n_d - 1) \tag{1.3}$$

其中

$$n_d = \sum_m n_{il_d m} = \sum_m \langle \hat{n}_{il=l_d m} \rangle$$

是相互作用电子总数。因为通过总能相对于相应状态占据数的微分可以获得单电子 LDA 能量,非相互作用状态的单电子能量为

$$\varepsilon_{il_d m}^0 = \frac{\text{d}}{\text{d}n_{il_d m}}(E_{\text{LDA}} - E_{\text{LDA}}^{\text{U}}) = \varepsilon_{il_d m} - U\left(n_d - \frac{1}{2}\right) \tag{1.4}$$

E_{LDA} 是由 $\hat{H}_{\text{LDA}}$ 计算获得的总能。因此,描述非相互作用系统的新 Hamiltonian 量可以表示为

$$H_{\text{LDA}}^0 = \sum_{ilm, jl'm', \sigma} (\delta_{ilm, jl'm'}\varepsilon_{ilm}^0 \hat{n}_{ilm}^\sigma + t_{ilm, jl'm'}\hat{c}_{ilm}^{\sigma+}\hat{c}_{jl'm'}^\sigma) \tag{1.5}$$

$\varepsilon_{ilm}^0 = \varepsilon_{ilm}$ 对应于非相互作用轨道。目前仍不清楚如何系统地减去 $\hat{H}_{\text{LDA}}^{\text{U}}$,需要注意的是减去 Hartree 能量没有明显影响强关联顺磁金属在 Mott - Hubbard 金属-绝缘体转变附近的总体行为。

下面将在倒易空间中进行操作,其中矩阵元素 $\hat{H}_{\text{LDA}}^0$ 为

$$(\hat{H}_{\text{LDA}}^0(k))_{qlm, q'l'm'} = (H_{\text{LDA}}(k))_{qlm, q'l'm'} - \delta_{qlm, q'l'm'}\delta_{ql, q_d l_d}U\left(n_d - \frac{1}{2}\right) \tag{1.6}$$

式中,q 是单元晶胞中原子指数,$(H_{\text{LDA}}(k))_{qlm, q'l'm'}$ 是 k 空间中矩阵元素,q_d 表示单位晶胞中具有相互作用轨道的原子。采用局域 Coulomb 相互作用进行补充的非相互作用部分 $\hat{H}_{\text{LDA}}^0$ 表示从头算 Hamiltonian 量:

$$\hat{H}_{\text{LDA+correl}}^0 = H_{\text{LDA}}^0 + \sum_{i=i_d, l=l_d, m\sigma m'\sigma'} U_{mm'}^{\sigma\sigma'}\hat{n}_{ilm\sigma}\hat{n}_{ilm'\sigma'} \tag{1.7}$$

为了利用这个从头算 Hamiltonian 量,仍然需要确定 Coulomb 相互作用 U。为了解决这个问题,可以计算不同相互作用电子数 n_d 时 LDA 基态能(约束 LDA 方法,cLDA),采用 LDA 基态能式及其相对于 n_d 的二次微分可以获得 U。然而,必须注意的是,因为总的 LDA 谱对基组的选择不敏感,所以 U 的计算结果强烈依赖于相互作用轨道的形状。因此,虽然采用了合适的基组(比如线性缓加 muffin - tin 轨道-LMTO),但 U 值仍然存在不确定度。

1.3 杂化泛函方法

杂化泛函方法起源于量子化学研究领域,常见的杂化泛函有 Becke 三参数杂化泛函,以及与 P86 和 LYP 形成的两种方法,分别称为 B3P86 和 B3LYP。1988 年 Becke 给出了局域交换泛函形式。1991 年,Perdew 和 Wang 提出了一种关联泛函 PW91。杂化泛函方法就是将包含一系列修正的相关泛函结合在一起而形成的一种泛函方法,比如常见的 B3LYP 就是将包含梯度修正的 Becke 交换泛函和包含梯度修正的 Lee,Yang 和 Parr 关联泛函耦合在一起,局域关联泛函采用 Vosko,Wilk 和 Nusair(NWN)局域自旋密度处理,得到 Becke 三参数的泛函形式。

此外,在全势全电子计算程序,比如 WIEN2K 软件中,为了处理关联电子,引入了原位精确交换和杂化泛函,以及非屏蔽和屏蔽杂化泛函。这些泛函方法只是在原子球内部才能实现精确的交换/杂化方法,因此适用于局域电子,但是无法改善 sp 半导体的带隙。常见的泛函方法如下:

(1)LDA - Hartree - Fock:

$$E_{XC}^{\mathrm{LDA\text{-}HF}}[\rho] = E_{XC}^{\mathrm{LDA}}[\rho] + E_X^{\mathrm{HF}}[\Psi_{\mathrm{corr}}] - E_{XC}^{\mathrm{LDA}}[\rho_{\mathrm{corr}}]$$

(2)LDA - Fock - α:

$$E_{XC}^{\mathrm{LDA\text{-}Fock\text{-}\alpha}}[\rho] = E_{XC}^{\mathrm{LDA}}[\rho] + \alpha(E_X^{\mathrm{HF}}[\Psi_{\mathrm{corr}}] - E_X^{\mathrm{LDA}}[\rho_{\mathrm{corr}}])$$

(3)PBE - Fock - α:

$$E_{XC}^{\mathrm{PBE\text{-}Fock\text{-}\alpha}}[\rho] = E_{XC}^{\mathrm{PBE}}[\rho] + \alpha(E_X^{\mathrm{HF}}[\Psi_{\mathrm{corr}}] - E_X^{\mathrm{PBE}}[\rho_{\mathrm{corr}}])$$

常用的 PBE0 杂化泛函对应于 $\alpha = 0.25$。

(4)PBEsol - Fock - α:

$$E_{XC}^{\mathrm{PBEsol\text{-}Fock\text{-}\alpha}}[\rho] = E_{XC}^{\mathrm{PBEsol}}[\rho] + \alpha(E_X^{\mathrm{HF}}[\Psi_{\mathrm{corr}}] - E_X^{\mathrm{PBEsol}}[\rho_{\mathrm{corr}}])$$

(5)WC - Fock - α:

$$E_{XC}^{\mathrm{WC\text{-}Fock\text{-}\alpha}}[\rho] = E_{XC}^{\mathrm{WC}}[\rho] + \alpha(E_X^{\mathrm{HF}}[\Psi_{\mathrm{corr}}] - E_X^{\mathrm{WC}}[\rho_{\mathrm{corr}}])$$

(6)TPSS - H - Fock - α:

$$E_{XC}^{\mathrm{TPSS\text{-}Hartree\text{-}Fock\text{-}\alpha}}[\rho] = E_{XC}^{\mathrm{TPSS}}[\rho] + \alpha(E_X^{\mathrm{HF}}[\Psi_{\mathrm{corr}}] - E_X^{\mathrm{TPSS}}[\rho_{\mathrm{corr}}])$$

与 PBE0 相似,但是使用 meta - GGA TPSS。

(7)B3PW91:

$$E_{XC}^{\mathrm{B3PW91}}[\rho] = E_{XC}^{\mathrm{LDA}}[\rho] + 0.2(E_X^{\mathrm{HF}}[\Psi_{\mathrm{corr}}] - E_X^{\mathrm{LDA}}[\rho_{\mathrm{corr}}]) +$$
$$0.72(E_X^{\mathrm{B88}}[\rho] - E_X^{\mathrm{LDA}}[\rho]) + 0.81(E_C^{\mathrm{PW91}}[\rho] - E_C^{\mathrm{LDA}}[\rho])$$

如上所述,原位精确交换/杂化泛函只能应用于局域电子,比如 $3d$ 或者

4f 电子等典型情况。在 WIEN2K 软件中，杂化泛函可以应用于所有电子，计算消耗增加 1~2 个数量级。对于半导体和绝缘体的电子性质，杂化泛函精度通常高于半局域泛函，同时能够给出强关联体系（比如 NiO）的精确结果。在杂化泛函中，通过 Hartree－Fock(HF)交换作用替代部分半局域(SL)交换：

$$E_{xc}^{hybrid} = E_{xc}^{SL} + \alpha(E_x^{HF} - E_x^{SL})$$

当只考虑 E_x^{HF} 和 E_x^{SL} 的短程部分时，同样可以构建杂化泛函，这将获得所谓的"屏蔽"杂化泛函。在 WIEN2K 可获的半局域泛函 E_{xc}^{SL} 中，只有少量可以应用于 E_{xc}^{hybrid}（非屏蔽和屏蔽模式）。常见的杂化泛函包括 PBE0 泛函、PBEsol、BPW91、BLYP，以及 B3PW91 和 B3LYP（包含 VWN5）非屏蔽杂化泛函。

1.4　Gutzwiller 变分方法

密度泛函理论(DFT)非常成功地应用于固体物理和材料科学。在局域密度近似(LDA)或者广义梯度近似(GGA)下，基于该理论的第一性原理计算方法获得了很好的发展，并且能够解释和预测大量材料（比如简单金属和能带绝缘体）的基态性质和电子结构。然而，当 LDA 和 GGA 应用于强关联电子体系时是完全失效的。这些材料（比如铜酸盐，水锰矿，Fe 磷族化合物，Pu 以及重 Fermi 体系）包含未填满 d 或者 f 壳层。在过去 20 年里，为了改善这种情况，进行了大量的研究工作，提出了许多新方法（比如 LDA＋U、自相互作用修正 SIC＋LDA 和杂化泛函）定量研究强关联材料。这些方法在许多方面是相当成功的，然而尚缺少一种计算高效的方法能够俘获关联效应的关键特征。

关联电子体系中一个主要特征是虽然这些窄 3d 或者 4f 能带中电子处于离域状态，但是仍然表现出一些原子特征，这将导致 Hubbard 能带的出现，同时增加有效质量。在弱关联电子体系中，电子状态在真实空间中处于离域状态，表现出几乎自由的电子行为，离域特征可以确保 LDA 和 GGA 中关联能的电子密度形式，从而可以很好地描述能带结果。然而，如果电子表现出强烈的原子轨道局域特征，那么需要在真实空间中描述电子状态。强烈在位关联效应的存在需要合适地处理原子构型，这个效应与轨道相关，在确定物理性质中起着重要的作用。原来提出的 LDA＋U 和 LDA＋DMFT 方法实际上是一种补充方法，即添加 LDA 和 GGA 中不存在的轨道相关特征，这些方法包含了在位关联效应的相似 Hamiltonian 量，但是以不同方式进行处理。

在 LDA+U 方法中，通过静态 Hartree 平均场方式处理在位相互作用，该方法适用于具有长程有序的强关联体系，比如反铁磁（AFM）有序绝缘体，但是无法描述中等关联金属体系。在 DMFT 方法中，通过自洽方式获得在空间中完全局域的自能，这使得 LDA＋DMFT 方法是目前最精确和可靠的方法。然而，自能与频率相关的特征使其非常耗时，很难获得全电荷密度自洽性，这对于精确的总能计算非常重要。

对于强关联体系的处理，Gutzwiller 变分方法（GVA）对于许多重要现象（即 Mott 转变，铁磁性和超导性）的基态研究是相当有效和准确的。Gutzwiller 首先引入该方法研究具有 Hubbard 模型描述的部分填充 d 能带的体系中离域铁磁性。在这个方法中，提出了一个多体尝试波函数，根据变分参数降低不合适的原子构型权重。通过这种波函数可以同时描述离域和原子特征。因此，通过 GVA 可以统一地描述从弱关联到强关联体系，从而可以准确地描述关联体系的本质。对于不同的模型 Hamiltonian 量，提出各种技术手段表示这个方法。依据 DFT 中 Kohn－Sham（KS）公式的思想，构建了广义 Gutzwiller 密度泛函理论（GDFT）。GDFT 本身是严格的，然而不知道其交换-关联泛函形式。通过在 GDFT 中引入交换-关联能的特定近似条件，可以获得 LDA＋G 方法，这与 KS 公式中交换-关联项近似条件获得 LDA 或者 LDA＋U 方法非常相似。此外，该方法是完全变分的，可以确保许多重要的物理量（比如作用力或者线性响应）实际上可以由变分原理获得，同时该方法是完全电荷密度自洽的，这对于总能计算相当关键。而且，LDA＋G 方法很容易在既有程序中执行，尤其是在可以获得 LDA＋U 方法的程序中，详见戴希和方忠等人的文章。

1.5 动力学平均场理论

在占据真实材料的相同窄 d 或者 f 轨道中，具有不同自旋方向的两个电子同样是关联的。虽然 Hubbard 模型能够解释关联电子相变的基本特征，但是无法详细地解释真实材料的物理性质，真实的理论方法必须考虑体系的电子和晶格结构。

到目前为止，存在两个独立的研究团队研究固体的电子性质，一个团队使用模型包含多体技术的 Hamiltonian 量，另一个团队使用密度泛函理论 DFT。DFT 及其局域密度近似 LDA 的优势是，能够在不需要经验参数作为输入的条件下进行从头算。实际上，这种理论方法成功地适用于计算真实材料的电子结构。然而,DFT/LDA 的局限性是无法描述在位 Coulomb 相互作用与带宽相当的强关联材料。因为模型 Hamiltonian 方法是一种能够准确研究多电子问题的理论方法,所以更加普适。然而,模型参数选择的不确定性和关联问题的技术复杂性使得模型 Hamiltonian 方法很难应用于研究真实材料,因此这两种方法是互补的。从 DFT/LDA 和模型 Hamiltonian 方法的各自优势角度考虑,对于真实材料(比如 f 电子体系和 Mott 绝缘体)的从头算研究而言,迫切需要将这两种技术手段进行有机结合。第一种尝试是 LDA＋U 方法,该方法将 LDA 与静态的类 Hartree‐Fock 多能带 Anderson 晶格模型(具有相互作用和非相互作用轨道)平均场近似进行结合。该方法非常有助于研究过渡金属和稀土化合物的长程序绝缘状态。然而,关联电子体系的顺磁金属相(比如高温超导体和重 Fermi 子体系)需要超越静态平均场近似,同时包含动力学效应,比如自能与频率之间关系。

　　最近提出的 LDA＋DMFT 方法(结合了电子能带结构和动力学平均场理论的一种新计算方案)是一个重大突破。从局域密度近似 LDA 的传统能带结构计算开始,通过 Hubbard 相互作用和 Hund 定则耦合项考虑关联效应,通过量子 Monte‐Carlo(QMC)算法求解最终的 DMFT 方程。LDA＋DMFT 包含了正确的准粒子物理和相应的力能学,同时重现了弱 Coulomb 相互作用 U 极限条件下 LDA 结果。更重要的是,LDA＋DMFT 正确地描述了 Mott‐Hubbard MIT 附近关联效应所致动力学行为。因此,在所有 Coulomb 相互作用和掺杂水平下,LDA＋DMFT 和相关的方法能够解释所有的物理现象。

　　对于 Anderson 杂质问题,可以采用大量的近似方法求解 DMFT 方程,比如迭代微扰理论(IPT)、非交叉近似(NCA)以及数值技术,比如量子 Monte‐Carlo(QMC),精确对角化(ED)或者数值重整化群(NRG)。对于半填充的 Anderson 杂质问题,IPT 不是自洽二阶微扰理论。对于半填充状态的自能,IPT 能够提供正确的微扰 U^2 项和正确的原子极限。在 Anderson 杂质温度的杂化参数 $\Delta(\omega)$ 中,NCA 是一种微扰理论。因此,如果 Coulomb 相互作用 U 相对于带宽足够大,这个方法是可靠的。实际上,通过 Hubbard‐Stratonovich 变换,QMC 技术将相互作用电子问题映射为非相互作用问题的总和,然后通过 Monte‐Carlo 采样对这个和进行计算。ED 方法在有限的晶格位置下对 Anderson 杂质问题进行直接的对角化。NRG 方法首先采用 $D\Sigma^{-n}$ 位置(D:带宽,$n=0,\cdots,N$)的一系列离散状态替代导带,然后在低能下对精度不断增加的这个问题进行对角化。

从原理上讲，QMC，ED 和 NRG 是精确的方法，但是它们需要插值，即虚时间 $\Delta\tau \rightarrow 0$（QMC）的离散化，各自杂质模型的晶格位置数 $n_s \rightarrow \infty$（ED）或者导带纵向离散化参数 $\Sigma \rightarrow 1$（NRG）。在 LDA＋DMFT 方法中，将上述的 DMFT 方程解法记为 LDA＋DMFT(X)，其中 X = IPT，NCA 和 QMC。Lichtenstein 和 Katsnelson 在他们的 LDA＋方法中采用了相同的思路。Lichtenstein 和 Katsnelson 首次采用 LDA＋DMFT(QMC)研究了 Fe 的谱性质。Liebsch 和 Lichtenstein 同时采用 LDA＋DMFT(QMC)方法计算了 Sr_2RuO_4 的光电子发射谱。DFT＋DMFT 方法详见 Vollhardt，Kotliar，Metzner 和 Haule 等人的文章。

1.6 小　　结

本章简要介绍了强关联电子体系电子结构第一性原理计算中最常见的计算方法，包括密度泛函理论（DFT）、DFT＋U、杂化泛函方法、DFT＋Gutzwiller 变分方法、DFT＋动力学平均场理论（DFT＋DMFT）等方法，下面章节将使用这些理论方法计算典型强关联电子体系的一系列电子、磁性和力学性质。

第2章 分子结构的第一性原理计算

2.1 引　言

目前,Pu 金属老化研究仍然是基本问题,对该问题的研究有助于提高 Pu 材料储存的可靠性和安全性。由于 Pu 金属及其合金具有极强的放射性、化学反应性和毒性,因而计算机模拟是一种很好的替代手段。在预测 Pu – Ga 合金性质随时间的演变过程中,必须回归各种现象的源头,即位移级联所致的缺陷微观演变行为。在分子动力学(MD)和介观蒙特卡罗(MMC)计算中,最关键的输入参数是原子间相互作用势。目前普遍采用的是(半)经验势、赝势和基于密度泛函理论(DFT)的理论势。

基于电子结构理论的赝势和密度泛函理论势模型计算效率不高,且最多只能处理含有 10^3 个原子的系统,所以在进行较大系统的 MD 模拟时一般采用(半)经验势。其中势函数的参数通过第一性原理方法或实验数据(如内聚能、晶格常数、体积模量、弹性模量等)拟合获得。采用第一性原理方法研究 Pu – Ga 合金中的各种分子结构、分子势能曲线以及分子基态的电子状态,并采用如下的修正 Murrell – Sorbie 解析势能函数对势能数据进行拟合:

$$\Phi = -D_e(1 + \sum_{l=1}^{n} a_l d^l)\exp(-a_1 d) \qquad (2.1)$$

式中,D_e 是离解能;$d = r - r_0$,r 是原子间距,r_0 是平衡间距;a_l 是势能函数参数。

面心立方(fcc)结构 δ 相 Pu 金属稳定存在的温度范围是 593~736 K,但 δ 相在室温下不能稳定存在,通过加入 Ga,Al,Am 等三价元素可以使其在室温下成为亚稳定的 fcc 结构 δ – Pu。δ – Pu 具有极其异常的物理性质。比如 Söderlind 等提出 δ – Pu 是无序的磁体,大约在 600 K 以下处于不稳定状态。这是由于反铁磁(AFM)有序和 fcc 相的力学不稳定性所造成的,同时在冷却过程中相变为具有较低对称性的 Pu 相。然而,在全局域极限(FLL)的理论水平下,LDA+U 方法获得 δ – Pu 是磁性的相反结论。

同时,纯 δ 相 Pu 具有负的热膨胀系数,这个行为意味着 δ 相中 Pu 原子之间存在非常软的原子间排斥力。但是在 Ga 原子含量大约为 2% 的 δ 相 Pu-Ga 合金中，δ-Pu 在其稳定的温度范围内热膨胀系数几乎为 0。此外，在 δ 相稳定 Pu 合金中甚至观察到了晶格的收缩现象，这种收缩现象是由于电子效应所致，更准确地说是处于间隙位置的 Pu 原子促进了 Pu 原子的 $5f$-$6d$ 杂化，导致 5f 电子的离域化，从而导致原子体积的减少。最近，Moore 等通过结晶学参数获得纯 δ 相 Pu 属于单斜的空间群 Cm，而不是立方体空间群 Fm3m，他们的结果解释了 Pu 是唯一具有单斜基态金属的原因，以及 δ-Pu 的四方，正交或单斜变形的原因。Migliori 等采用共振超声谱仪（RUS）测量了多个 Pu-Ga 合金在环境温度下的弹性模量，验证了体积模量和剪切模量对温度的强烈依赖关系。体积模量和剪切模量对温度的依赖关系几乎相同，其可能的原因是 Pu $5f$ 电子处于局域化状态。

实际上，对于元素周期表最后一行的锕系元素而言，其明显的特征是 $5f$ 子壳层是满壳层的，这与稀土元素具有满壳层 $4f$ 子壳层相似。随着原子数的增加，$5f$ 电子局域度不断增加，逐渐填充 $5f$ 电子壳层，而且相对论效应越来越明显。与过渡元素的 $4d$ 和 $5d$ 带相比，性质介于局域 $4f$ 和离域 $3d$ 轨道之间的窄 $5f$ 带是环境条件下导致锕系元素具有奇异电子结构的主要因素。对于具有离域 $5f$ 电子的轻锕系元素，采用标准的 DFT 方法就可很好解决。而对于具有局域 $5f$ 电子的重锕系元素，由于强烈的电子-电子相互作用，因此传统的 DFT 方法不能捕获 $5f$ 电子的局域效应。由于 Pu 元素位于具有离域 $5f$ 状态轻锕元素和具有局域 $5f$ 状态重锕系元素的边界处，因而表现出极其异常的行为。实际上，Pu 中的不稳定是由于在 Pu 中，$5f$ 电子从参与成键过程（与过渡金属中的 $3d$ 电子相似）过渡为局域或惰性的（与稀土元素中的 $4f$ 电子相似）。局域密度近似（LDA）或广义梯度近似（GGA）都无法描述 Pu 的电子结构和磁性性质，理论上可将 Pu 描述为"部分 $5f$ 电子局域"行为。

对于 δ-Pu 而言，不同的理论方法获得不同的结果。Pu 电子结构和基态性质的第一性原理计算的实质是如何描述 $5f$ 电子的局域化问题，而局域化的物理源头是 $5f$ 电子之间 Coulomb 相互作用而导致的相关性效应。目前，对于 Pu 元素较好的解决方法是自相关修正（SIC），轨道极化局域密度近似、自旋极化广义梯度近似、混合水平模型（MLM）、杂化交换-相关泛函（比如 B3LYP 杂化泛函）、LDA/GGA + U（U 表示原子间 Coulomb 相关作用 Hubbard U 参数，该参数将 f 多重性分离成低 Hubbard 能带和高 Hubbard 能带，同时从 Fermi 能级消除了 f 自由度）等 DFT + U 方法、动力学平均场理论（DMFT）和 LDA 耦合方法（LDA + DMFT），以及最近的 LDA +

Gutzwiller。后三种方法将一个局域 Hubbard 类型项引入到能带 Hamiltonian 量中,同时需要减去 LDA Coulomb 相互作用的平均值(双计数修正),各种方法之间的区别在于对这个相互作用项效应的处理方式上。

由于 Pu,U 等锕系元素奇异的 $f-f$ 电子相互作用和明显的相对论效应,因此采用相对论有效原子实势(RECP)取代核与电子之间静电势能和核的正交效应,同时考虑了轨道扩展和收缩的相对论效应,RECP 重新产生价轨道的本征能量和形状,原子实和价电子轨道由 Cowan-Griffin 相对论 Hartree-Fock 方程获得,考虑了"mass-velocity"和"Darwin"项,因此计算效率高于比全电子计算,同时恰当地说明了相对论效应的重要性,并且在自洽场(SCF)计算中考虑了自旋-轨道耦合效应。

2.2　计算实例

为了研究 Pu-Ga 合金中各种分子基态的电子状态,吸附原子在 Pu 体内的扩散行为以及 ^{239}Pu α 衰变产物(^{235}U 和 He 原子)对 δ-Pu 相稳定性的效应,对 Pu_2,PuGa,Ga_2,PuHe,He_2,GaHe,PuH,PuC,C_2,PuO,PuN,PuS,S_2 和 UHe 分子结构和电子状态进行第一性原理计算。Pu 原子的价电子基函数采用($7s6p2d4f$)收缩为[$3s3p2d2f$]的基函数,原子实采用 RECP 近似,U 的价电子基函数采用($5s4p3d4f$)收缩为[$3s3p2d2f$]的基函数,原子实采用 RECP 近似。Ga,He,H,C,N,O,S 等元素一律采用 6-311++G* 标准基组,6-311G 基组表示 6 个内壳层(s 壳层)Gauss 原函数,(3,1,1)表示内壳层采用 Slater 轨道函数对 3 个 Gauss 原函数进行展开,次共价层和共价层采用 Slater 轨道函数对 1 个 Gauss 原函数进行展开,* 表示在 6-311G 基函数增加了极化函数,而 + 表示增加了扩散函数。所有的计算都是在 Becke 三参数杂化交换-相关泛函 B3LYP 和 Gaussian 09 量子化学软件下进行的。

2.2.1　Pu$_2$ 分子势能函数

根据原子分子反应静力学,Pu 原子属于 SU(n)群。当两个 Pu 原子发生反应形成 Pu_2 分子时对称性降低,将 Pu 按照 Pu_2 分子($D_{\infty h}$ 群)的对称性进行分解,再通过直积和约化,即可获得 Pu_2 分子可能的电子状态。最后,通过各种电子状态下分子势能之间的比较,从而可以确定分子基态的电子状态。因为 Pu 原子基态的电子状态为 ^7F_g[26],所以 Pu_2 分子可能的电子状态为

$$Z_u: {}^7F_g \rightarrow {}^7\Sigma_g{}^- \oplus {}^7\Pi_g \oplus {}^7\Delta_g \oplus {}^7\Phi_g$$

$$Pu_2 : (^7\Sigma_g^- \oplus {}^7\Pi_g \oplus {}^7\Delta_g \oplus {}^7\Phi_g) \otimes (^7\Sigma_g^- \oplus {}^7\Pi_g \oplus {}^7\Delta_g \oplus {}^7\Phi_g) =$$

$$^{1,3,5,7,9,11,13}\Sigma_g^+ (4) \oplus {}^{1,3,5,7,9,11,13}[\Sigma_g^-](3) \oplus$$

$$^{1,3,5,7,9,11,13}\Pi_g(6) \oplus {}^{1,3,5,7,9,11,13}\Delta_g(5) \oplus {}^{1,3,5,7,9,11,13}\Phi_g(4) \oplus$$

$$^{1,3,5,7,9,11,13}\Gamma_g(3) \oplus {}^{1,3,5,7,9,11,13}H_g(2) \oplus {}^{1,3,5,7,9,11,13}I_g(2)$$

式中，$[\Sigma_g^-]$是反对称直积。在 Pu 的 RECP 近似下 Pu_2 势能曲线如图 2.1 所示，计算结果如表 2.1 所示。

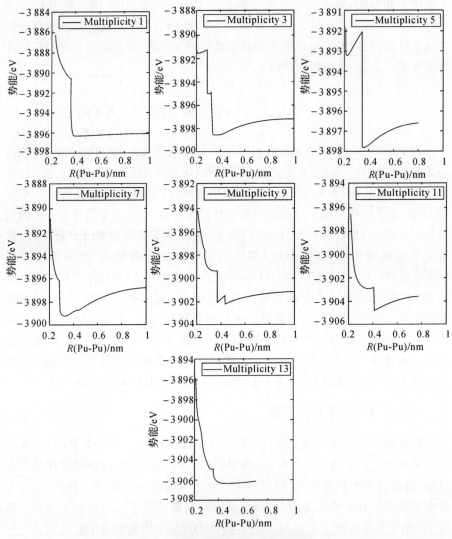

图 2.1　Pu_2 分子多重态的势能曲线

表 2.1　Pu₂ 分子多重态计算结果。R_{min} 表示势能极小时 Pu 原子之间距离,E_{min} 为相应的极小值

多重态	R_{min}/nm	E_{min}/eV	R_{min}/nm	E_{min}/eV	R_{min}/nm	E_{min}/eV
1	0.206	$-3\ 886.783\ 64$	0.431	$-3\ 896.410\ 75$	—	—
3	0.232	$-3\ 891.677\ 35$	0.300	$-3\ 895.064\ 65$	0.376	$-3\ 898.646\ 55$
5	0.224	$-3\ 893.266\ 49$	0.356	$-3\ 897.790\ 33$	—	—
7	0.328	$-3\ 899.303\ 00$	—			
9	0.332	$-3\ 899.427\ 92$	0.364	$-3\ 902.058\ 35$	0.436	$-3\ 902.259\ 75$
11	0.348	$-3\ 903.023\ 43$	0.412	$-3\ 904.802\ 81$	—	—
13	0.445	$-3\ 906.393\ 58$	—			

当 Pu₂ 分子为 1,3,5,7,9,11,13 多重态时,其未配对电子的个数分别为 0,2,4,6,8,10 和 12。随着价电子个数的增加,其排列组合的数量也随之增加。组态混合效应导致 Pu₂ 分子的外层轨道可能是 $5f,6d,7s$ 电子以及其他电子共同贡献的结果,所以计算中获得了多个极小值。

表 2.2　Pu‐Pu,Ga‐Ga,He‐He,Pu‐Ga,Pu‐He 和 Ga‐He MEAM 作用势参数

性质	Pu‐Pu	Ga‐Ga	He‐He	Pu‐Ga	Pu‐He	Ga‐He
E_c/eV	3.800	2.897	4.727×10^{-4}	4.104	0.0412	0.006 42
r_e/nm	0.328 0	0.300 4	0.296 0	0.319	0.361 8	0.334 2
α(无量纲)	3.310	4.420	7.627	4.60	5.208	7.375
δ(无量纲)	0.460	0.970	0.000	0.300	0.00	0.00
A(无量纲)	1.100	0.970	0.126	—		
$\beta^{(0)}$(无量纲)	2.35	4.80	17.82	—		
$\beta^{(1)}$(无量纲)	1.0	3.1	17.82	—		
$\beta^{(2)}$(无量纲)	6.0	6.0	17.82	—		
$\beta^{(3)}$(无量纲)	9.0	0.5	17.82	—		
$t^{(1)}$(无量纲)	2.00	2.70	0.00			
$t^{(2)}$(无量纲)	4.07	2.06	0.00			
$t^{(3)}$(无量纲)	-0.61	-4.00	0.00			
$\chi_0^{(0)}$(无量纲)	1.00	0.70	0.04			
Z(无量纲)	12	12	1	12	1	1

当 Pu_2 分子为 $1,3,5,7,9,11$ 多重态时,$2E(Pu)-E(Pu_2)<0$($E(Pu)$ 和 $E(Pu_2)$ 分别表示单个 Pu 原子和 Pu_2 分子的总能),所以不能稳定存在。当 Pu_2 分子多重态为 13 时,$2E(Pu)-E(Pu_2)>0$,所以 Pu_2 分子基态的电子状态为 $X^{13}\Sigma^+$,这与蒙大桥等计算结果一致。

第一性原理计算数据,Murrell-Sorbie 解析势能函数式(2.1)拟合结果,以及由 Baskes 等 Pu-Pu MEAM 参数(见表 2.2)推导的对势之间的比较如图 2.2 所示。从图 2.2 中可以看出,与 Baskes 等研究结果相比,由于本节第一性原理计算过程中只考虑了两个原子的情况,而没有考虑与其他 11 个第一近邻原子、6 个第二近邻原子、24 个第三近邻原子等原子之间的相互作用,因此,当 Pu-Pu 原子间距较小时,两者存在一些差异。随着原子间距的增加,两者之间的差别减少,当原子间距超过 0.4 nm 时,两者非常一致。

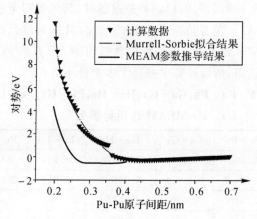

图 2.2 Pu-Pu 对势的计算数据,Murrell-Sorbie 拟合和
MEAM 参数推导与原子间距之间函数关系

2.2.2 PuGa 分子势能函数

Pu 原子基态的电子状态为 ^7F_g(第一激发态的电子状态为 ^9F_g),Ga 原子基态的电子状态为 ^2P_u(第一激发态的电子状态为 ^4P_u)。当 Pu 与 Ga 原子反应生成 PuGa 分子($C_{\infty v}$ 群)时,存在以下 4 种情况:

(1)当基态 Pu 原子与基态 Ga 原子反应生成 PuGa 分子($C_{\infty v}$)时,将 Pu 和 Ga 原子按照 $C_{\infty v}$ 群进行分解:

$$Pu:{}^7F_g \rightarrow {}^7\Sigma_g^- \oplus {}^7\Pi_g \oplus {}^7\Delta_g \oplus {}^7\Phi_g$$

$$Ga:{}^2P_u \rightarrow {}^2\Sigma_u^+ \oplus {}^2\Pi_u$$

所以 PuGa 分子可能的电子状态为

$$^{7}F_{g}\otimes^{2}P_{u}=(^{7}\Sigma_{g}^{-}\oplus^{7}\Pi_{g}\oplus^{7}\Delta_{g}\oplus^{7}\Phi_{g})\otimes(^{2}\Sigma_{u}^{+}\oplus^{2}\Pi_{u})=$$

$$^{6,8}\Sigma^{+}\oplus^{6,8}\Sigma^{-}(2)\oplus^{6,8}\Pi(3)\oplus^{6,8}\Delta(3)\oplus^{6,8}\Phi(2)\oplus^{6,8}\Gamma$$

（2）当基态 Pu 原子与第一激发态 Ga 原子反应生成 PuGa 分子（$C_{\infty v}$）时，将 Pu 和 Ga 原子按照 $C_{\infty v}$ 群进行分解，所以 PuGa 分子可能的电子状态为

$$^{7}F_{g}\otimes^{4}P_{u}=(^{7}\Sigma_{g}^{-}\oplus^{7}\Pi_{g}\oplus^{7}\Delta_{g}\oplus^{7}\Phi_{g})\otimes(^{4}\Sigma_{u}^{+}\oplus^{4}\Pi_{u})=$$

$$^{4,6,8,10}\Sigma^{+}\oplus^{4,6,8,10}\Sigma^{-}(2)\oplus^{4,6,8,10}\Pi(3)\oplus^{4,6,8,10}\Delta(3)\oplus$$

$$^{4,6,8,10}\Phi(2)\oplus^{4,6,8,10}$$

（3）当第一激发态 Pu 原子与基态 Ga 原子反应生成 PuGa 分子（$C_{\infty v}$）时，将 Pu 和 Ga 原子按照 $C_{\infty v}$ 进行分解，所以 PuGa 分子可能的电子状态为

$$^{9}F_{g}\otimes^{2}P_{u}=(^{9}\Sigma_{g}^{-}\oplus^{9}\Pi_{g}\oplus^{9}\Delta_{g}\oplus^{9}\Phi_{g})\otimes(^{2}\Sigma_{u}^{+}\oplus^{2}\Pi_{u})=$$

$$^{8,10}\Sigma^{+}\oplus^{8,10}\Sigma^{-}(2)\oplus^{8,10}\Pi(3)\oplus^{8,10}\Delta(3)\oplus^{8,10}\Phi(2)\oplus^{8,10}\Gamma$$

（4）当第一激发态 Pu 原子与第一激发态 Ga 原子反应生成 PuGa 分子（$C_{\infty v}$）时，将 Pu 和 Ga 原子按照 $C_{\infty v}$ 进行分解，所以 PuGa 分子可能的电子状态为

$$^{9}F_{g}\otimes^{4}P_{u}=(^{9}\Sigma_{g}^{-}\oplus^{9}\Pi_{g}\oplus^{9}\Delta_{g}\oplus^{9}\Phi_{g})\otimes(^{4}\Sigma_{u}^{+}\oplus^{4}\Pi_{u})=$$

$$^{6,8,10,12}\Sigma^{+}\oplus^{6,8,10,12}\Sigma^{-}(2)\oplus^{6,8,10,12}\Pi(3)\oplus^{6,8,10,12}\Delta(3)\oplus$$

$$^{6,8,10,12}\Phi(2)\oplus^{6,8,10,12}\Gamma$$

PuGa 分子多重态的计算结果见表 2.3。当 PuGa 分子多重态为 6,8 时，由于 Pu 的 $5f,6d$ 电子和 Ga 的 $4p$ 电子发生杂化和混合效应，所以计算中获得多个极小值。当 PuGa 分子多重态为 4 和 12 时，计算结果如图 2.3 所示。

表 2.3　PuGa 分子多重态计算结果

多重态	R_{min}/nm	E_{min}/eV	R_{min}/nm	E_{min}/eV
4	0.292	−54 338.592 24		
6	0.295 2	−54 338.875 83	0.338 5	−54 339.778 04
8	0.295 2	−54 338.954 48	0.305 2	−54 339.830 02
10	0.290 6	−54 339.185 28		
12	0.317 8	−54 334.758 05		

注：R_{min} 表示势能极小时 Pu 原子之间距离，E_{min} 为相应的极小值。

当基态 Pu 原子与激发态 Ga 原子，激发态 Pu 原子与基态 Ga 原子，激发态 Pu 原子与激发态 Ga 原子发生反应，且 PuGa 分子的多重态为 10 时，计算

结果如图 2.4 所示。

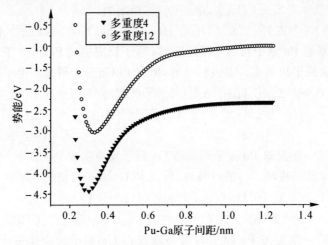

图 2.3 PuGa 分子多重态为 4 和 12 时的势能曲线

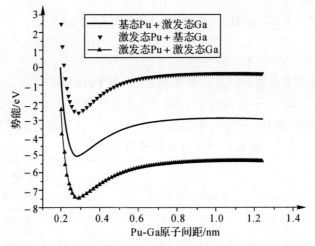

图 2.4 多重态为 10 时 PuGa 分子的势能曲线。其中 ground 和 excited
分别表示基态和激发态

当 Pu 和 Ga 原子均处于激发态时，PuGa 分子最稳定，此时离解能最大，所以 PuGa 分子基态的电子状态为 $X^{10}\Sigma^-$。采用式（2.1）的修正 Murrell - Sorbie 解析势能函数对 PuGa 分子基态的势能数据进行拟合，拟合结果见表 2.4，拟合曲线与计算数据之间的比较如图 2.5 所示。

表 2.4 PuGa 分子基态的 Murrell‑Sorbie 拟合参数

r_0/nm	D_e/eV	a_1/nm^{-1}	a_2/nm^{-2}	a_3/nm^{-3}	a_4/nm^{-4}	a_5/nm^{-5}	a_6/nm^{-6}	a_7/nm^{-7}
0.290 6	7.464	6.929	−3.044	166.6	−500.5	1722	−2 356	1 676

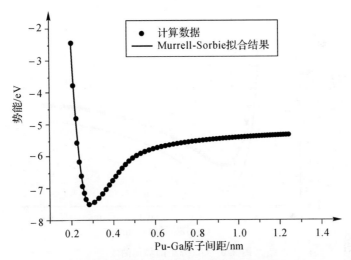

图 2.5 计算数据和 Murrell‑Sorbie 解析势能函数与 Pu‑Ga 原子间距之间的函数关系

2.2.3 Ga_2 分子势能函数

同理,Ga_2 分子可能的多重态为 1 和 3,计算结果如表 2.5 和图 2.6 所示。从表 2.5 中可以看出 Ga_2 分子基态的电子状态为 $X^3\Sigma^-$。

表 2.5 Ga_2 分子多重态和基态的 Murrell‑Sorbie 拟合参数

参数	R_{min}/nm	E_{min}/eV	D_e/eV	r_0/nm	a_1/nm^{-1}	a_2/nm^{-2}	a_3/nm^{-3}
多重态 1	0.255	−104 772.625 29					
多重态 3	0.250	−104 773.202 68	1.162 35	0.25	13.48	−125.1	0.258 4

第一性原理计算数据,Murrell‑Sorbie 解析势能函数拟合结果,以及由 Baskes 等的 Ga‑Ga MEAM 参数(见表 2.2)推导的对势之间的比较如图 2.7 所示。与 Baskes 等人结果相比,由于本章第一性原理计算过程中只考虑了两个原子的情况,而没有考虑与其他 11 个第一近邻原子,6 个第二近邻原子,24

个第三近邻原子等原子之间的相互作用。因此,当 Ga - Ga 原子间距较小时,两者存在一些差异。随着原子间距的增加,两者之间的差别减少,当原子间距超过 0.34 nm 时,两者非常一致。

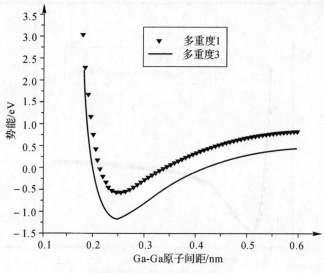

图 2.6　Ga₂ 分子的势能曲线

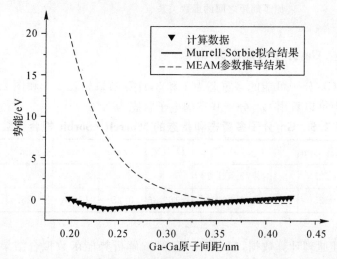

图 2.7　Ga - Ga 对势的计算数据、Murrell - Sorbie 拟合和 MEAM 参数
　　　　推导结果与原子间距之间函数关系

2.2.4　PuHe 分子势能函数

在 Pu 原子的 RECP 和 He 原子的 6－311＋＋G＊标准基组下，计算结果与 Valone 等结果（Pu－He MEAM 参数见表 2.2）一致，计算数据和拟合曲线之间的比较如图 2.8 所示。

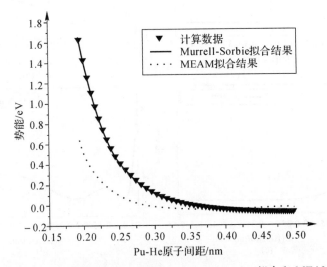

图 2.8　Pu－He 对势的计算数据、Murrell－Sorbie 拟合和 MEAM 参数推导结果与原子间距之间关系

2.2.5　He$_2$ 分子势能函数

He 原子基态电子状态为 ^1S_g，其第一激发态电子状态为 ^3S_g，所以 He$_2$ 基态的电子状态可能为

(1)X$^1\Sigma^+$（当两个 He 原子均处于基态）；

(2)X$^{1,3,5}\Sigma^+$（当两个 He 原子均处于第一激发态）；

(3)X$^3\Sigma^+$（当两个 He 原子分别处于基态和第一激发态）。

对于(1)情况而言，He$_2$ 分子离解能为负值。(2)和(3)情况的计算结果如表 2.6 和图 2.9 所示。从表 2.7 中可以看出，He$_2$ 分子基态的电子状态为 X$^1\Sigma^+$，其中 He 原子均处于第一激发态 ^3S_g。从图 2.9(b)和图 2.9(d)中可以看出，当两个 He 原子均为第一激发态，以及两个 He 原子分别处于基态和第一激发态时，并且 He$_2$ 分子的多重态为 3 时，势能曲线不仅存在极大值，还存在极小值，称之为"火山态"势能曲线。

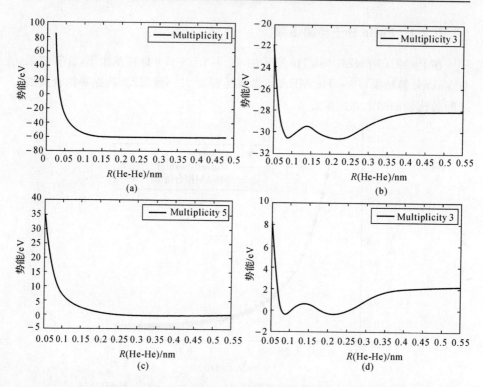

图 2.9　He$_2$ 分子的势能曲线。He 原子均处于第一激发态，He$_2$ 分子多重态为 (a)1，(b)3，(c)5 和 (d)两个 He 原子中一个处于激发态，另一个处于基态，He$_2$ 分子多重态为 3 时的计算结果

表 2.6　He$_2$ 分子多重态计算结果。R_{min} 表示势能极小时 He－He 原子之间距离，E_{min} 为极小值

多重态	R_{min}/nm	E_{min}/eV	R_{min}/nm	E_{min}/eV
1（He 原子均为第一激发态）	0.460	$-158.236\ 55$	—	—
3（He 原子均为第一激发态）	0.085	$-128.763\ 79$	0.215	$-128.746\ 92$
5（He 原子均为第一激发态）	0.470	$-98.103\ 61$	—	—
3（He 原子分别为第一激发态和基态）	0.085	$-128.763\ 79$	0.215	$-128.746\ 92$

2.2.6　GaHe 分子势能函数

按照相同的分析方法可知,GaHe 分子基态的电子状态为 $X^2\Sigma^+$。Murrell - Sorbie 解析势能函数拟合结果见表 2.7。计算结果与 Valone 等结果(Ga - He MEAM 参数见表 2.2)非常一致。第一性原理计算数据,Murrell -Sorbie 解析势能函数拟合结果,以及 Valone 等结果之间的比较如图 2.10 所示。

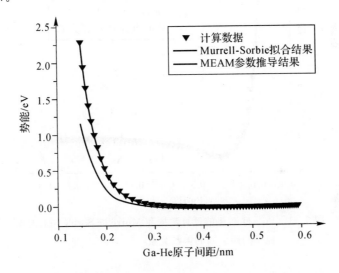

图 2.10　Ga - He 对势的计算数据,Murrell - Sorbie 拟合和 MEAM 参数推导结果与原子间距之间关系

表 2.7　GaHe 分子基态的 Murrell - Sorbie 拟合参数

参数	r_0/nm	D_e/eV	a_1/nm^{-1}	a_2/nm^{-2}	a_3/nm^{-3}
数值	0.085	0.001 962 51	32.91	193	347.7

2.2.7　PuH 分子势能函数

Pu 基态电子状态为 ^7F_g,H 基态电子状态为 ^2S_g,经计算可知 PuH 基态电子状态为 $X^8\Sigma^-$,与蒙大桥等计算结果相一致。计算数据和 Murrell - Sorbie 解析势能函数拟合结果如表 2.8 和图 2.11 所示。

表 2.8 PuH 分子基态的 Murrell – Sorbie 拟合参数

参数	r_0/nm	D_e/eV	a_1/nm^{-1}	a_2/nm^{-2}	a_3/nm^{-3}
数值	0.225	2.083 94	17.88	60.99	261.9

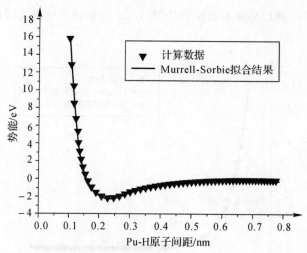

图 2.11 Pu – H 对势的计算数据和 Murrell – Sorbie 拟合与
原子间距之间的函数关系

2.2.8 PuC 分子势能函数

Pu 基态电子状态为 ^7F_g，C 基态电子状态为 ^3P_g，经计算可知 PuC 分子基态的电子状态为 $X^5\Sigma^-$，与李赣等计算结果一致。计算数据和 Murrell － Sorbie 解析势能函数拟合结果如表 2.9 和图 2.12 所示。

表 2.9 PuC 分子基态的 Murrell – Sorbie 拟合参数

参数	r_0/nm	D_e/eV	a_1/nm^{-1}	a_2/nm^{-2}	a_3/nm^{-3}
数值	0.250	2.354 76	25.04	225.6	864.4

2.2.9 C₂ 分子势能函数

C 基态电子状态为 ^3P_g，经计算可知 C_2 分子基态电子状态为 $X^1\Sigma^+$，计算数据和 Murrell – Sorbie 解析势能函数拟合结果如表 2.10 和图 2.13 所示。

表 2.10　C₂ 分子基态的 Murrell‑Sorbie 拟合参数

参数	r_0/nm	D_e/eV	a_1/nm^{-1}	a_2/nm^{-2}	a_3/nm^{-3}	a_4/nm^{-4}	a_5/nm^{-5}	a_6/nm^{-6}
数值	0.140	5.090 64	11.12	−683.4	6 350	−33 160	75 600	−74 490

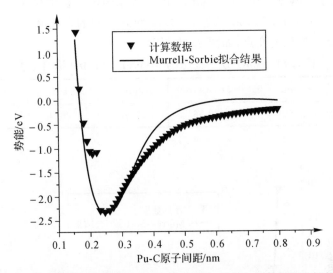

图 2.12　Pu‑C 对势的计算数据和 Murrell‑Sorbie 拟合与原子间距之间的函数关系

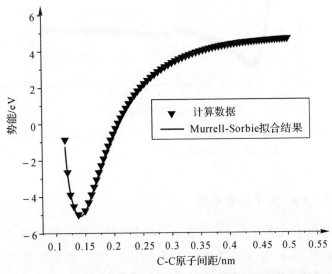

图 2.13　C‑C 对势的计算数据和 Murrell‑Sorbie 拟合结果与原子间距之间的函数关系

2.2.10　PuO 分子势能函数

Pu 基态电子状态为 ^7F_g，O 基态电子状态为 ^3P_g，经计算可知 PuO 分子基态电子状态为 $X^7\Sigma^-$，与陈军等计算结果一致，而不是之前高涛等所报道的 $X^5\Sigma_g^-$ 态。计算数据和 Murrell - Sorbie 解析势能函数拟合结果如表 2.11 和图 2.14 所示。由于 Pu $5f,6d$ 状态和 O $2p$ 状态之间的杂化和混合效应，导致 Pu - O对势中出现突变点，如图 2.14 所示。

表 2.11　PuO 分子基态的 Murrell - Sorbie 拟合参数

参数	r_0/nm	D_e/eV	a_1/nm^{-1}	a_2/nm^{-2}	a_3/nm^{-3}
数值	0.189	5.088 56	26.34	126.4	1205

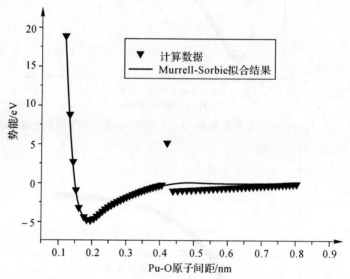

图 2.14　Pu - O 对势的计算数据和 Murrell - Sorbie 拟合结果与
原子间距之间的函数关系

2.2.11　PuN 分子势能函数

Pu 基态电子状态为 ^7F_g，N 基态电子状态为 ^4S_u，经计算可知 PuN 分子基态的电子状态为 $X^6\Sigma^+$，与李跃勋计算结果一致。计算数据和 Murrell - Sorbie 解析势能函数拟合结果如表 2.12 和图 2.15 所示。

表 2.12　PuN 分子基态的 Murrell‐Sorbie 拟合参数

参数	r_0/nm	D_e/eV	a_1/nm^{-1}	a_2/nm^{-2}	a_3/nm^{-3}	a_4/nm^{-4}	a_5/nm^{-5}	a_6/nm^{-6}
数值	0.205	1.957 77	14.63	-15.86	565.4	$-27\,080$	136\,500	$-243\,100$

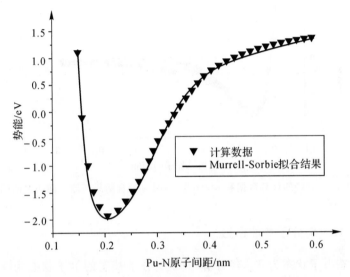

图 2.15　Pu‐N 对势的计算数据和 Murrell‐Sorbie 拟合结果与原子间距之间的函数关系

2.2.12　PuS 分子势能函数

Pu 基态电子状态为 $^{7}\mathrm{F_g}$，S 基态电子状态为 $^{3}\mathrm{P_g}$，经计算可知 PuS 分子基态电子状态为 $\mathrm{X}^{7}\Sigma^{-}$，计算数据和 Murrell‐Sorbie 解析势能函数拟合结果如表 2.13 和图 2.16 所示。通过图 2.13 和图 2.16 之间的比较可知，O 和 S 原子（O 和 S 属于同族元素）与 Pu 反应行为相似，势能数据均出现突变点，这可能是由于 Pu $5f,6d$ 状态与 O $2p$ 或 S $3p$ 状态之间杂化和混合效应所致（见图 2.10 和 2.16）。

表 2.13　PuS 分子基态的 Murrell‐Sorbie 拟合参数

参数	r_0/nm	D_e/eV	a_1/nm^{-1}	a_2/nm^{-2}	a_3/nm^{-3}
数值	0.250	3.535 11	26.84	194.1	666.7

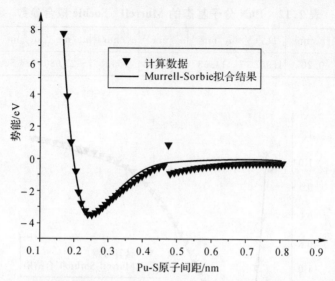

图 2.16   Pu – S 对势的计算数据和 Murrell – Sorbie 拟合结果与原子间距之间的函数关系

2.2.13 S_2 分子势能函数

S 基态电子状态为 ^3P_g，经计算可知 S_2 分子基态的电子状态为 $X^3\Sigma^+$，计算数据和 Murrell – Sorbie 解析势能函数拟合结果如表 2.14 和图 2.17 所示。

表 2.14 S_2 分子基态的 Murrell – Sorbie 拟合参数

参数	r_0/nm	D_e/eV	a_1/nm^{-1}	a_2/nm^{-2}	a_3/nm^{-3}	a_4/nm^{-4}	a_5/nm^{-5}	a_6/nm^{-6}
数值	0.195	4.073 05	12.65	−210.7	1 509	−18 820	67 120	−80 550

2.2.14   U – He 分子势能函数

U 基态电子状态为 ^5L_u，He 基态电子状态为 ^1S_g，经计算可知 UHe 分子基态电子状态为 $X^5-\Sigma^-$，计算数据和 Murrell – Sorbie 解析势能函数拟合结果如表 2.15 和图 2.18 所示。

表 2.15   UHe 分子基态的 Murrell – Sorbie 拟合参数

参数	r_0/nm	D_e/eV	a_1/nm^{-1}	a_2/nm^{-2}	a_3/nm^{-3}	a_4/nm^{-4}	a_5/nm^{-5}
数值	0.420	0.976 77	1.907	−2.94	36.88	−95.28	86.3

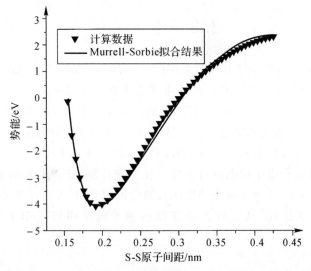

图 2.17 S–S 对势的计算数据和 Murrell–Sorbie 拟合结果与
原子间距之间的函数关系

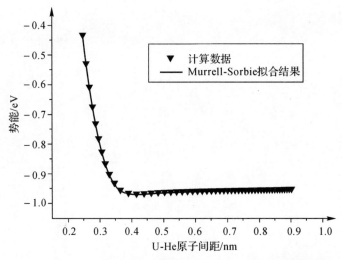

图 2.18 U–He 对势的计算数据和 Murrell–Sorbie 拟合结果与
原子间距之间的函数关系

2.3 小 结

在 Pu 原子的价电子基函数采用 $(7s6p2d4f)/[3s3p2d2f]$ 的收缩基函数，原子实采用 RECP 近似，而 U 的价电子基函数采用 $(5s4p3d4f)/[3s3p2d2f]$ 的收缩基函数，原子实采用 RECP 近似，Ga，He，H，C，N，O 和 S 元素采用 $6-311++G*$ 标准基组的计算条件下，采用 B3LYP 杂化交换-相关泛函对 Pu_2，PuGa，Ga_2，PuHe，He_2，GaHe，PuH，PuC，C_2，PuO，PuN，PuS，S_2 和 UHe 分子结构和电子状态进行了第一性原理计算，获得了其基态电子状态，并进行 Murrell - Sorbie 解析势能函数的数值拟合，最后将计算结果与之前研究结果进行了比较，从头算方法获得的原子间作用势可用于分子动力学 (MD) 计算。

第3章 基于第一性原理方法的嵌入原子方法作用势构建

3.1 引　　言

锕系材料除了具有复杂的 $5f$ 状态和毒性以外,自辐射效应将会在大多数锕系金属中产生损伤累积。根据元素和同位素的不同,这些锕系金属将会产生不同数量的 α,β 和 γ 衰变,如图 3.1 中 Pu 的 α 衰变。在这个过程中,出射的 He 原子能量大约为 5 MeV,反冲 U 原子能量大约为 86 keV。He 原子在晶格中几乎不产生损伤,然而,U 原子使晶体晶格中数以千计的 Pu 原子从其正常位置发生离位,产生空位和间隙原子(称为 Frenkel 对)。在大约 200 ns 以内,大多数 Frenkel 对发生湮灭行为,但是仍然在晶格中残留少量的辐射损伤。随着时间的演化,这种损伤以缺陷的形式累积,产生空位、间隙原子、位错和 He 泡。这意味着锕系金属不仅具有固有复杂性,而且自辐射效应导致晶格损伤随着时间而累积,进一步增加了材料物理过程的复杂性。

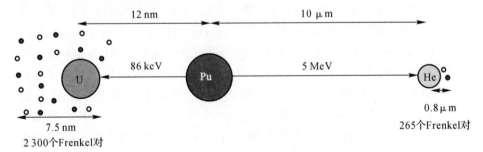

图 3.1　Pu α 衰变产生 U 和 He 原子的示意图

在对 Pu 材料安全性和可靠性进行评估时,必须建立基于原子水平的老化模型。目前在 Pu 材料老化的理论和实验研究中,主要考虑了 ^{239}Pu α 衰变产物 ^{235}U 产生的位移级联演变过程,以及位移级联过程导致的 Frenkel 对(即空位-Vacancy 和自间隙原子-SIA)、点缺陷(空位、自间隙原子及其团簇)微结构和复合行为、He-V(V 表示空位)团簇和三维 He 泡的形核和生长,点缺陷团簇产生的体积膨胀、Pu-Ga 相图、晶格参数膨胀和体积膨胀现象。

然而，目前的工作很少考虑 Pu 同位素嬗变锕系子体(^{235}U,^{237}Np 和^{241}Am)对体积膨胀，晶格参数和相稳定性的效应。实际上，Pu 同位素及其嬗变子体的衰变链非常复杂。研究结果表明经过 50 年的储存后，在 Pu 金属中大约产生 $2\,000\times10^{-6}$ 的 He 原子、$3\,700\times10^{-6}$ 的 Am 原子、$1\,700\times10^{-6}$ 的 U 原子和 300×10^{-6} 的 Np 原子。Pu 同位素产生的锕系子体 U、Np 数量与 He 原子数相同，锕系子体^{235}U,^{237}Np 元素的体积比 δ 相 Pu 的原子体积小，大约 5 个锕系子体占据 4 个 δ 相 Pu 原子空间，而大约 4 个^{241}Am 原子占据 5 个 δ 相 Pu 原子体积。

Pu 中锕系嬗变子体数量的不断增加将会影响相稳定性的细致平衡。在细致平衡条件下，衰变产生的 Am 原子使得 fcc 结构的 δ 相 Pu 更加具有热力学稳定性。对于纯 δ 相 Pu，Am 原子能够稳定单斜 α 相中高温相的微观区域。而^{235}U,^{237}Np 等锕系子体具有破坏 δ-Pu 晶格相稳定性的作用。当这些嬗变锕系子体替代 Pu 原子（即 Pu-An 键取代 Pu-Pu 键，An 表示锕系子体）后，将会引起物理和化学性质的变化。目前，仍然没有很好地理解在非细致平衡条件下 Am,U,Np 原子的存在和衰变子体（比如 He 原子）的效应。实际上，这些锕系子体将会引起不可逆的膨胀，这种膨胀对于 Pu 材料而言不是线性增加的，因此必须考虑这些锕系子体的影响。因为 Pu 材料中主要的 Pu 同位素是^{239}Pu，所以只考虑^{239}Pu α 衰变产生的^{235}U 子体。

在研究^{235}U 对纯 δ 相 Pu 和 Ga 稳定 δ 相 Pu 的上述效应过程中，需要采用经验或半经验 Pu-Pu,Pu-Ga,Ga-Ga,He-He,Pu-He,Ga-He,Pu-U,U-U,U-Ga 和 U-He 原子间作用势进行分子动力学（MD）和介观蒙特卡洛（MMC）计算。其中 Pu-Pu,Pu-Ga,Ga-Ga 和 He-He 原子间作用势可以采用 Baskes 等提出的修正嵌入原子方法（MEAM）模型进行描述，见表 2.2。Pu-He,Ga-He 和 U-He 对势如 2.2 节所述。由于缺少 Pu-U,U-Ga 等合金系统的实验数据，因此根据密度泛函理论（DFT）和嵌入原子方法（EAM）构建 U-U,Pu-U 和 Ga-U 原子间作用势。

3.2　U-U EAM 原子间作用势

3.2.1　计算方法

各种 U 晶体结构的 DFT 计算都是在广义梯度近似（GGA）下，采用

Perdew – Burke – Ernzerhof (PBE)交换–相关泛函在 VASP 程序中执行缀加平面波(PAW)方法,同时采用 $10\times10\times10$ Monkhorst – Pack 网格,Gaussian 拖尾(0.1 eV)和改进的四面体方法。VASP 程序采用真实空间和倒易空间之间波函数的快速 Fourier 变换(FFT),带–带共轭梯度方法的固定作用势,以及自洽作用势的共轭梯度算法进行计算。平面截止能量为 $E_{cut}=550$ eV,自洽场(SCF)收敛度小于 1.0×10^{-5} eV/atom。从能量角度考虑,非磁构型最适合描述轻锕系元素 U,不需要采用自旋极化(SP)效应,所以 U 原子的所有 $5f$ 电子都处于离域状态的 $5f^3$ 构型。

各种 U 晶体结构的内聚能定义为

$$E_c = \frac{E_{tot} - NE_{atom}}{N} \tag{3.1}$$

式中,E_{tot} 是晶体系统总能;N 是晶体系统中 U 原子数;E_{atom} 是单独一个 U 原子的总能。

在没有进行结构驰豫的含有 N 个 U 原子的体心立方(bcc)/面心立方(fcc)超晶胞中,单空位形成能为

$$E_f^{1v} = E_{N-1} - [(N-1)/N]E_N \tag{3.2}$$

式中,E_N 和 E_{N-1} 分别是含有 N 个 U 原子的完整晶胞,以及含有一个空位的晶胞总能。

在 U – U EAM 原子间作用势的构建过程中,采用 Rose 等 0 K 普适状态方程(EOS)来获得平衡参考结构中每个原子总能与近邻距离之间的函数关系。

对下述方程进行迭代计算获得 A,$\beta^{(0)}$,$\beta^{(2)}$ 和 $t^{(2)}$,则

$$A = \frac{-E_c + \delta E_{sc} + 0.5E_c(1+a_{sc}^*)e^{-a_{sc}^*}}{0.5E_c\ln(0.5)e^{-b_{sc}^*}} \tag{3.3}$$

$$c_{44} = \frac{E_c}{\Omega}\left[\frac{\alpha^2 - A\beta^{(0)2}}{Z} + \frac{2At^{(2)}(\beta^{(2)}-2)^2}{Z^2}\right] \tag{3.4}$$

$$\frac{c_{11}-c_{12}}{2} = \frac{E_c}{\Omega}\left[\frac{\alpha^2 - A\beta^{(0)2}}{2Z} + \frac{At^{(2)}(\beta^{(2)}-6)^2}{2Z^2}\right] \tag{3.5}$$

式中

$$a_{sc}^* = \alpha(x_{sc}-1) \tag{3.6}$$

$$b_{sc}^* = \beta^{(0)}(x_{sc}-1) \tag{3.7}$$

简单立方(sc)中第一近邻距离与 fcc 结构中第一近邻距离之间的比值为

$$x_{sc} = \frac{\sqrt{2}}{4^{1/3}} \tag{3.8}$$

弹性常数 C_{11}，C_{12} 和 C_{44} 是 fcc 结构 U 晶体的计算结果，见表 3.3。Johnson 发现 fcc 结构中电子密度衰减常数等于 6.0 时获得合理结果，因此选择 $\beta^{(2)}=6.0$。

由六角密排结构(hcp)和 fcc 结构之间的相对能可以获得 $t^{(3)}$

$$\Delta E_{hcp} = F(\bar{\rho}_{hcp}) \tag{3.9}$$

式中

$$\bar{\rho}_{hcp} = \sqrt{Z_1^2 + \frac{1}{3}t^{(3)}} \tag{3.10}$$

由体心立方(bcc)结构中单空位形成能获得 $t^{(1)}$

$$E_{1v}^f = E_c + Z_1 F(\bar{\rho}_v) \tag{3.11}$$

式中

$$\bar{\rho}_v = \sqrt{(Z_1-1)^2 + t^{(1)} + \frac{2}{3}t^{(2)} + \frac{2}{5}t^{(3)}} \tag{3.12}$$

角度屏蔽采用额定值：$C_{min}=1.4$，$C_{max}=2.8$。

对于 U-U 对势而言，在 U 原子的价电子采用 $(5s4p3d4f)/[3s3p2d2f]$ 收缩基函数，原子实采用相对论有效原子实势(RECP)近似的计算条件下，通过 B3LYP 杂化交换-相关泛函和 Gaussian 09 量子化学软件进行第一性原理计算，从而可以获得 U_2 分子基态的电子状态，采用 Murrell-Sorbie 解析势能函数对势数据进行拟合，然后将 U-U EAM 参数代入 Murrell-Sorbie 解析势能函数拟合结果和 EAM 参数推导结果进行比较。

根据原子分子反应静力学，U 原子属于 SU(n) 群。当原子发生反应形成分子时对称性降低，将 U 按照 U_2 分子($D_{\infty h}$群)的对称性进行分解，再通过直积和约化，即可获得分子的可能电子状态。最后比较各种电子状态下的分子势能，从而可以确定分子基态的电子状态。U 原子基态的电子状态为 ^5L_u，所以 U_2 分子可能的电子状态为

$U: {}^5L_u \rightarrow {}^5\Sigma_u{}^- \oplus {}^5\Pi_u \oplus {}^5\Delta_u \oplus {}^5\Phi_u \oplus {}^5\Gamma_u \oplus \cdots$

$U_2: ({}^5\Sigma_u{}^- \oplus {}^5\Pi_u \oplus {}^5\Delta_u \oplus {}^5\Phi_u \oplus {}^5\Gamma_u \oplus \cdots) \otimes ({}^5\Sigma_u{}^- \oplus {}^5\Pi_u \oplus {}^5\Delta_u \oplus {}^5\Phi_u \oplus$

$\qquad {}^5\Gamma_u \oplus \cdots) =$

$\qquad {}^{1,3,5,7,9}\Sigma_g^+(5) \oplus {}^{1,3,5,7,9}\Pi_g(6) \oplus {}^{1,3,5,7,9}\Delta_g(5) \oplus$

$\qquad {}^{1,3,5,7,9}\Phi_g(5) \oplus {}^{1,3,5,7,9}\Gamma_g(5) \oplus {}^{1,3,5,7,9}[\Sigma_g{}^-](3) \oplus$

$\qquad {}^{1,3,5,7,9}H_g(2) \oplus {}^{1,3,5,7,9}I_g(2) \cdots$

式中，$[\Sigma_g{}^-]$ 是反对称直积。

3.2.2 结果和讨论

当 U_2 分子多重态为 1,3,5,7 和 9 时，未配对电子数分别为 0,2,4,6 和 8。

由于 U 的 $5f$ 状态和 $6d$ 状态发生杂化和混合效应(见图 3.1),U_2 分子的外层轨道可能由 $5f,6d,7s$ 和其他电子组成,所以不容易获得确定的电子态。当初猜轨道发生变化时,计算结果获得了多个极小值,mqb 表 3.1。当 U_2 分子多重态为 9,U 原子间距为 0.33nm 时,U_2 分子势能最低(此时分子最稳定),所以 U_2 分子基态的电子状态为 $X^9\Sigma^+$。势能曲线的修正 Murrell - Sorbie 解析势能函数拟合结果见表 3.2。

表 3.1　U_2 分子多重态计算结果

多重态	R_{min}/nm	E_{min}/eV	R_{min}/nm	E_{min}/eV	R_{min}/nm	E_{min}/eV
1	0.31	$-2\,794.521\,19$	0.4	$-2\,796.796\,18$		
3	0.30	$-2\,797.129\,57$	0.37	$-2\,798.021\,17$	0.51	$-2\,798.895\,62$
5	0.325	$-2\,801.841\,48$				
7	0.31	$-2\,799.911\,32$	0.36	$-2\,800.740\,86$	0.48	$-2\,801.859\,98$
9	0.33	$-2\,802.041\,51$	0.38	$-2\,801.997\,15$		

注:E_{min} 表示势能极小值,R_{min} 表示势能极小值时的原子间距。

表 3.2　U_2 分子基态电子状态($X^9\Sigma^+$)的修正 Murrell - Sorbie 解析势能函数参数:离解能 D_e,平衡原子间距 r_0 和 a_l($l=1\sim6$)

参数	D_e/eV	r_0/nm	a_1/nm^{-1}	a_2/nm^{-2}	a_3/nm^{-3}	a_4/nm^{-4}	a_5/nm^{-5}	a_6/nm^{-6}
数值	0.565 58	0.33	7.177	-243.1	93.89	$-2\,377$	5 027	$-7\,366$

采用上述的 DFT 方法获得了正交 α - U(空间群 Cmcm),四方 β - U(空间群 $P4_2$nm)和体心立方 γ - U(空间群 Im3m)的弹性常数(C_{11},C_{12} 和 C_{44}),体积模量 B 和原子体积 Ω,计算结果见表 3.3。从表 3.3 中可以看出,体积模量和原子体积的计算值与实验值一致。所有的 U $5f$ 电子处于离域的 $5f^3$ 构型,计算的电子结构与 Jones 等工作一致。与 Pu 中 $5f$ 电子的部分离域和局域状态相比,U $5f$ 电子的离域状态导致电子耦合行为产生明显的变化。

表 3.3　fcc 结构, 正交结构 α 相 U 和 bcc 结构 γ 相 U 物理性质的计算值与实验值之间的比较

参数	fcc U	$\gamma - U$	$\alpha - U$	实验值
C_{11}/GPa	59.0	103.9	305.0	214.7
C_{12}/GPa	34.5	120.1	82.2	46.5
C_{44}/GPa	10.2	30.7	-121.9	124.4
B/GPa	135.0	114.7	148.6	113.0
Ω/nm^3	0.020 2	0.019 2	0.019 5	0.020 8

　　为了从微观水平理解 fcc U 晶体的电子结构, 本章给出了 fcc 结构 U 晶体中 U $5f$ 和 $6d$ 状态的局域态密度(PDOS), 如图 3.2 所示。从图 3.1 中可以看出 U $5f$ 和 $6d$ 状态存在明显的杂化和混合效应。

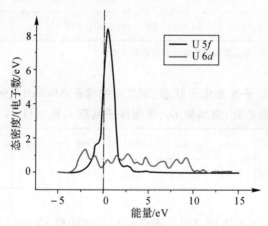

图 3.2　GGA 计算获得的 fcc U 晶体结构中 U $5f$(黑色线)和
$6d$ 状态(灰色线)的投影态密度(PDOS)

　　采用 fcc 参考晶格结构的 DFT 数据可以获得 U - U EAM 参数, DFT 数据来源和作用势参数值见表 3.4。E_c 是升华焓, r_e 是平衡最近邻距离, 将表 3.3 中 bcc U 的体积模量和原子体积代入 0K Rose 普适状态方程获得指数衰减因子 α, A 是嵌入能的标定因子, $\beta^{(0-3)}$ 是原子密度的指数衰减因子, $t^{(0-3)}$ 是原子密度的权重因子, δ 是与参考结构中体积模量的压强微分相关的参数。通过对 fcc 结构内聚能与近邻距离之间的 Rose 0K 普适状态方程的拟合可以

获得 E_c，r_e 和 δ。计算结果如图 3.3 和表 3.4 所示。因为 δ<0，所以 Rose 0K 普适状态方程中三次高阶项软化了原子间作用势的排斥支，而硬化了原子间作用势的吸引支。

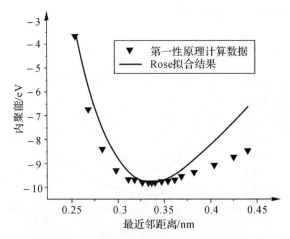

图 3.3　fcc 结构 U 晶体内聚能的 DFT 计算数据和 Rose 拟合曲线与近邻距离之间的函数关系

表 3.4　DFT 计算数据来源和 U-U EAM 作用势参数

参数	来源	数值
E_c/eV	fcc 结构的内聚能	9.829 48
r_e/nm	fcc 结构的晶格常数	0.336 58
α(无量纲)	bcc 结构的体积模量	3.672 7
A(无量纲)	sc 和 fcc 结构的相对能量	1.285 8
$\beta^{(0)}$(无量纲)	fcc 结构的剪切模量	2.738 741
$\beta^{(1)}$(无量纲)	额定值	1.00
$\beta^{(2)}$(无量纲)	fcc 结构的剪切模量	6.00
$\beta^{(3)}$(无量纲)	额定值	1.00
$t^{(1)}$(无量纲)	bcc 结构中单空位形成能	−0.209 039
$t^{(2)}$(无量纲)	fcc 结构的剪切模量	−0.653 341
$t^{(3)}$(无量纲)	hcp 和 fcc 结构的相对能量	23.757
δ(无量纲)	fcc 结构中内聚能与距离的 Rose 普适状态方程拟合	−0.051 15

3.2.3　U-U EAM 势能参数的验证

对于 U-U 对势而言,Murrell-Sorbie 解析势能函数拟合结果(与 U-U EAM 参数获得的 U-U 对势一致,如图 3.4 所示。

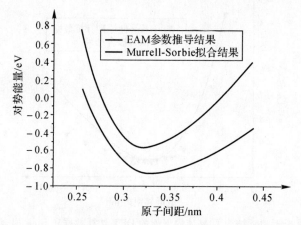

图 3.4　U-U 对势的 Murrell-Sorbie 拟合结果和 EAM 参数推导
结果与 U-U 原子间距之间关系

为了测试 U-U EAM 作用势参数的有效性和可移植性,在不同的晶格参数下对 sc 结构(空间群 Pm3m),bcc 结构(空间群 Im3m)和 hcp 结构(空间群 P6$_3$/mmc,晶格参数 c/a 固定为理想值)的 U 晶体内聚能进行 MD 计算,并与 DFT 计算结果进行了比较,计算结果如图 3.4 至 3.6 所示。U$_2$ 分子的平衡原子间距 $r_0 = 0.33$ nm(见表 3.2)与 fcc 结构 U 晶体的最近邻距离 $r_e = 0.365\ 8$ nm(如表 3.4 和图 3.3 所示),bcc 结构 γ 相 U 晶体的最近邻距离 $r_e = 0.324\ 76$ nm(见图 3.5)一致。

如图 3.6 所示,虽然在 sc 结构中,采用 U-U EAM 作用势参数获得的内聚能 MD 计算结果稍微高于 DFT 计算结果,但是对于 bcc 结构(见图 3.5)和 hcp 结构(见图 3.7)而言,两者之间一致。实际上,采用 EAM 作用势参数获得的各种结构总能同样与 DFT 计算结果相当一致。必须强调的是采用 EAM 作用势参数预测的原子体积(0.02 nm³)重现了原子体积的实验值(0.020 8 nm³)。

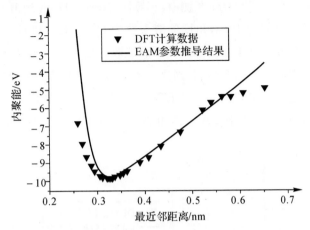

图 3.5 bcc 结构 U 晶体内聚能的 EAM 作用势参数 MD 计算
结果和 DFT 计算结果与近邻距离之间关系

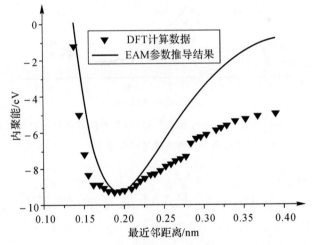

图 3.6 sc 结构 U 晶体内聚能的 EAM 作用势参数 MD 计算
结果和 DFT 计算结果与近邻距离之间关系

下面比较 fcc 结构中单空位形成能的 MD 计算和 DFT 计算结果,具体的
MD 计算流程如下:在 $10a_0 \times 10a_0 \times 10a_0$($a_0$ 是 fcc 结构 U 晶体的晶格常数)
周期性超晶胞中随机删除一个 U 原子来构建单空位构型,采用 U-U EAM
作用势参数对含有单空位的晶胞进行 MD 计算。MD 计算采用正则系综

(NTV, $T=300$ K), 6 阶 Gear 预测-校正算法, Nose-Hoover 恒温箱, 时间步长为 1fs, 总计算时间为 10ps, 角度屏蔽参数为 $C_{min}=1.4$ 和 $C_{max}=2.8$, 径向截断距离为 0.476 nm(第二近邻距离), 总能收敛度小于 1×10^{-5} eV, 获得单空位形成能。然后重复这个过程, 对多次获得的单空位形成能进行算术平均来获得最终的单空位形成能。DFT 计算获得的单空位形成能($E_{vf}=1.927$ eV)与采用表 3.4 中 EAM 作用势参数的 MD 计算结果($E_{vf}=2.320$ eV)一致。

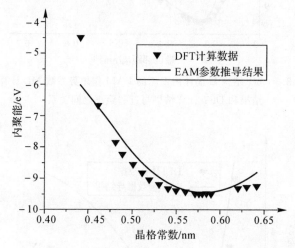

图 3.7　hcp 结构 U 晶体内聚能 EAM 作用势参数 MD 计算结果和
DFT 计算结果与晶格常数之间关系

3.3　Pu-U EAM 原子间作用势

3.3.1　计算方法

为了获得 PuU 分子基态的电子状态, 通过对 Pu 原子和 U 原子的价电子分别采用$(7s6p2d4f)/[3s3p2d2f]$和$(5s4p3d4f)/[3s3p2d2f]$收缩基函数进行处理, 而原子实采用相对论有效原子实势(RECP)近似, 以及 B3LYP 杂化交换-相关泛函进行第一性原理计算, 然后采用 Murrell-Sorbie 解析势能函数对势能数据进行拟合。

根据原子分子反应静力学可知, Pu 和 U 原子属于 SU(n)群, 其基态电子状态的不可约表示为 $^{7}F_{g}$ 和 $^{5}L_{u}$，将 Pu 和 U 原子按照 PuU($C_{\infty v}$ 群)的对称性进行分解：

Pu：$^{7}F_{g}\rightarrow{}^{7}\Sigma_{g}^{-}\oplus{}^{7}\Pi_{g}\oplus{}^{7}\Delta_{g}\oplus{}^{7}\Phi_{g}$

U：$^{5}L_{u}\rightarrow{}^{5}\Sigma_{u}^{-}\oplus{}^{5}\Pi_{u}\oplus{}^{5}\Delta_{u}\oplus{}^{5}\Phi_{u}\oplus{}^{5}\Gamma_{u}\oplus\cdots$

所以 PuU 分子可能的电子状态为

$$^{7}F_{g}\otimes{}^{5}L_{u}=({}^{7}\Sigma_{g}^{-}\oplus{}^{7}\Pi_{g}\oplus{}^{7}\Delta_{g}\oplus{}^{7}\Phi_{g})\otimes({}^{5}\Sigma_{u}^{-}\oplus{}^{5}\Pi_{u}\oplus{}^{5}\Delta_{u}\oplus$$
$$^{5}\Phi_{u}\oplus{}^{5}\Gamma_{u}\oplus\cdots)=$$
$$^{3,5,7,9,11}\Sigma_{u}^{+}(4)\oplus{}^{3,5,7,9,11}\Pi_{u}(6)\oplus{}^{3,5,7,9,11}\Delta_{u}(5)\oplus$$
$$^{3,5,7,9,11}\Phi_{u}(4)\oplus{}^{3,5,7,9,11}\Gamma_{u}(3)\oplus{}^{3,5,7,9,11}[\Sigma_{u}^{-}](3)\oplus$$
$$^{3,5,7,9,11}H_{u}(2)\oplus{}^{3,5,7,9,11}I_{u}\oplus\cdots$$

因为对势模型不能描述金属和合金，所以根据 EAM 和 DFT 方法构建 Pu-U 原子间作用势模型。对于自旋轨道耦合(SOC)问题，Wang 和 Sun 在 DFT 中的自旋极化广义梯度近似(SP-GGA)下，采用全势线性缀加平面波(FP-LAPW)算法，研究发现在没有考虑 SOC 的情况下，与 δ-Pu 的非磁数据相比，反铁磁状态的晶格常数和体积模量与实验值符合得更好。Söderlind 等和 Kollar 等观察到在研究 δ-Pu 的定量行为时，SOC 效应没有明显地影响计算结果。Hay 等发现不考虑 SOC 效应能够描述锕系元素及其化合物的电子和几何性质。实际上，SOC 效应主要影响原子的平衡体积，但是影响程度小于自旋极化 SP 效应。研究结果表明如果考虑 SP 效应，就会很好地理解 δ 相的稳定性。同时，SP 效应能够改善与实验光电子发射谱(PES)之间的一致性，并且可以重现 Pu 金属正确的相序和 Pu 合金的(亚)稳定性。最近的研究发现 GGA-SP 计算能够改善 Pu 各个相及其合金的许多性质：平衡体积、体积模量、弹性性质或能量差别。因此，本节考虑了 Pu 原子的 SP 效应(模拟 Pu $5f$ 电子的局域行为)，而忽略 SOC 效应，这样 δ 相晶格参数的计算值与实验值相一致。

对于 $5f$ 占据数，最近的理论工作认为 δ-Pu 中 $5f$ 壳层的占据数非常接近于 5。在 LDA+U 计算中使用铁磁序(FM)获得了 $5f^{5}$ 局域基态。电子能量损耗谱(EELS)和 X 射线吸收谱(XAS)对 α 和 δ-Pu 中 $5d$-$5f$ 原子实—共价转变的实验研究结果支持了 Pu 的 $5f^{5}$ 构型。采用围绕平均场(AMF)的 LDA+U 计算结果表明 δ-Pu 是混合共价状态，总 $5f$ 占据数为 5.44。在最近的 DMFT 计算中，Pu 同样被描述为混合共价状态(在 f^{5} 构型附近出现强峰)，平均占据数为 5.2，而采用不同杂质求解器的 DMFT 计算表明占据数大约为 5.8。

因此,本节的 Pu 原子采用了 $5f^5$ 电子构型(其中 4 个 $5f$ 电子处于局域状态,剩下 1 个离域 $5f$ 电子参与化学成键过程),而 U $5f$ 电子处于离域状态的 $5f^3$ 构型。DFT 计算条件如下:在自旋极化(SP)水平下,采用 LDA+U 方法(只包含了 Pu $5f$ 电子壳层上的 Coulomb 相互作用)通过 VASP 程序对 Pu_3U 有序金属间化合物($L1_2$ 结构)进行计算。LDA+U 方法采用 Perdew-Burke-Ernzerhof(PBE)交换-相关泛函,通过"直接"和"交换"参数 $U=4.0$ eV 和 $J=0.7$ eV 进行定义。将获得的数据对 0K Rose 普适状态方程进行拟合,构建 Pu-U EAM 作用势模型。

对于 A_mB_n 化学当量化合物,假设原子间相互作用与单质材料中相互作用相同,化合物的内聚能可以定义为

$$E_c = \frac{m}{m+n}E_c^A + \frac{n}{m+n}E_c^B + \Delta H_f \tag{3.13}$$

其中 E_c^A 和 E_c^B 分别是 A 元素和 B 元素处于各自参考晶体结构时的内聚能。每个原子的形成焓 ΔH_f 为

$$\Delta H_f = \frac{E_{tot} - m\varepsilon_A - n\varepsilon_B}{m+n} \tag{3.14}$$

式中,E_{tot} 是系统总能;m 和 n 是系统中 A 和 B 原子数;ε_A 和 ε_B 是 A 元素和 B 元素处于各自参考晶体结构时每个原子的总能。对于 Pu_3U 有序金属间化合物,Pu 和 U 元素的参考晶体结构是 fcc 结构。Pu 和 U 元素的 EAM 作用势参数见表 2.2 和表 3.4。

3.3.2 结果和讨论

当 PuU 分子多重态为 3,5,7,9 和 11 时,未配对电子数分别为 2,4,6,8 和 10。由于组态混合效应以及 Pu 的 $5f,6d,7s$ 电子和 U 的 $5f,6d,7s$ 电子之间的杂化效应,因此在计算中获得了多个极小值,计算结果见表 3.5。当 PuU 分子多重态为 11,Pu 原子与 U 原子之间距离为 0.44 nm 时,PuU 分子势能最低(此时分子最稳定),所以 PuU 分子基态电子状态为 $X^{11}\Sigma^+$。单点势能曲线用正则方程组拟合修正 Murrell-Sorbie 解析势能函数结果见表 3.6。第一性原理计算数据和 Murrell-Sorbie 拟合结果与原子间距之间的函数关系如图 3.8 所示。

表 3.5 PuU 分子多重态第一性原理结果

多重态	3	5	7	9	11
$R_{\min}/\mathrm{nm}$	0.30	0.325	0.34	0.34	0.35
$E_{\min}/\mathrm{eV}$	−3 348.109 60	−3 350.597 14	−3 351.620 46	−3 353.128 23	−3 353.528 30
$R_{\min}/\mathrm{nm}$	0.44		0.37	0.39	0.44
$E_{\min}/\mathrm{eV}$	−3 351.925 28		−3 351.636 79	−3 353.977 37	−3 355.115 00
$R_{\min}/\mathrm{nm}$			0.39		
$E_{\min}/\mathrm{eV}$			−3 351.628 63		
$R_{\min}/\mathrm{nm}$			0.41		
$E_{\min}/\mathrm{eV}$			−3 351.664 01		
$R_{\min}/\mathrm{nm}$			0.45		
$E_{\min}/\mathrm{eV}$			−3 353.329 63		

注：$E_{\min}$ 表示势能极小值，$R_{\min}$ 表示势能极小值时的原子间距。

表 3.6 PuU 分子基态电子状态 $\mathbf{X^{11}\Sigma^+}$ 的修正 Murrell – Sorbie 解析势能函数参数：离解能 $\mathbf{D_e}$，平衡原子间距 $\mathbf{r_0}$ 和 $\mathbf{a_l}$ $(\mathbf{l=1\sim4})$

参数	D_e/eV	r_0/nm	a_1/nm^{-1}	a_2/nm^{-2}	a_3/nm^{-3}	a_4/nm^{-4}
数值	1.427 82	0.44	5.527	−94.2	209.8	−217.5

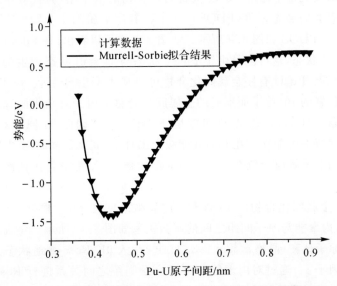

图 3.8 Pu – U 对势的计算数据和 Murrell – Sorbie 拟合结果与 Pu – U 原子间距之间的函数关系

如上所述，Pu 元素位于具有离域 $5f$ 电子的轻锕系元素和具有局域 $5f$ 电子的重锕系元素的边界上，所以在所采用的 $5f^5$ 电子构型（其中 4 个 $5f$ 电子局域在原子单态，剩下 1 个离域 $5f$ 电子参与化学成键过程）中，Pu $5f$ 状态是动态的，$5f$ 电子自由地在局域 f^4 壳层和完全离域状态中自由涨落。SP 效应模拟了 Pu $5f$ 电子的局域效应，所以非磁基态 δ - Pu 的晶格参数和体积模量与实验值非常一致。

对于 Pu 原子而言，SP 效应导致 $5f$ 轨道的交换劈裂行为，同时部分消除了 Fermi 能级上的 $5f$ 状态，降低了 $5f$ 状态对化学成键行为的贡献，从而增加了 $5f$ 电子的局域行为和平衡原子体积。研究发现在 Fermi 能级附近几乎没有 $5f$ 电子（本节没有显示），这与 Shorikov 等研究工作相似，但是与实验光电子发射谱（PES）不一致，后者 Fermi 能级上存在明显的 $5f$ 状态。可能的原因是局域 Coulomb 相互作用 U 参数将 $5f$ 壳层劈裂为完全填充的 $f^{5/2}$ 状态和空的 $f^{7/2}$ 状态。因此，δ - Pu 的 LDA+U 计算导致具有填充 $f^{5/2}$ 状态和空的 $f^{7/2}$ 状态的非磁构型。实际上，LDA+U 方法对应于更加普适 LDA＋动态平均场理论方法（LDA＋DMFT）的静态极限。通过考虑依赖于能量（或时间）的自能动态项，DMFT 方法不仅重现了基态性质，比如体积和磁矩，而且谱密度与实验 PES 非常一致。

为了从微观水平理解 Pu_3U 金属间化合物的电子结构，计算了该化合物中各个元素的局域态密度（PDOS）。Pu_3U 有序金属间化合物中 U，Pu 和整个化合物 $5f$ PDOS 如图 3.9 所示。从图 3.8 中可以看出，在 Fermi 能级上存在明显的 $5f$ 状态，这可能是由于 Pu $5f$ 状态与 U spdf 状态产生杂化效应产生的。实际上，Pu_3U 有序金属间化合物可以视为 U 原子替代 δ - Pu 单位晶胞中顶点位置的 Pu 原子而形成的金属间化合物。由于对杂化函数的主要贡献可能不是来自 f-f 杂化，而可能是 f-spd 杂化，因此，U 原子对 Pu 原子的化学替代行为可能导致在 Fermi 能级上出现 $5f$ 状态。同时与图 3.1 相比，杂化引起的电子效应导致在 $-4\sim-3$ eV 和 $4\sim5$ eV 能量范围内产生额外两个 U $5f$ 峰。

Pu_3U 金属间化合物的 LDA＋U 计算结果见表 3.7。根据式（3.13）、式（3.14）知，内聚能与原子间距之间的函数关系如图 3.10 所示。将表 3.7 中体积模量和原子体积（晶格常数 $a_0=1.414r_e$）代入 0K Rose 普适状态方程获得指数衰减因子 α。通过对内聚能与不同原子间距之间关系进行 Rose 普适状态方程的最小二乘法拟合可以获得升华焓 E_c，平衡原子间距 r_e 和 δ（与参考结构中体积模量的压强微分相关的参数）。因为 $\delta>0$，所以 Rose 普适 EOS 中三次高阶项硬化了作用势的排斥支,而软化了作用势的吸引支。

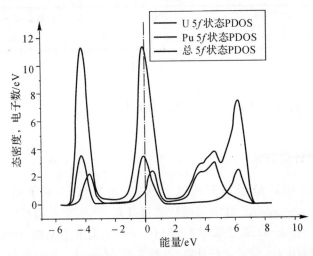

图 3.9 LDA+U 计算获得的 Pu_3U 有序金属间化合物(L1$_2$结构)中 U (灰线)、Pu(黑线)和整个化合物(深灰线)的 5f PDOS。Fermi 能级(虚线)位于 0 eV

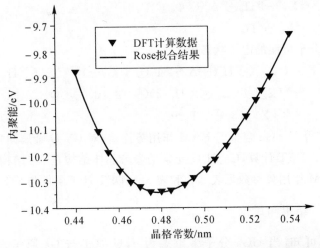

图 3.10 Pu_3U 金属间化合物内聚能的 LDA+U 计算结果(填充的三角 形)和 Rose 普适状态方程(实线)拟合结果与晶格常数之间的函 数关系

表 3.7　Pu3U 金属间化合物的 LDA＋U 计算结果和 EAM 作用势参数

参数	C_{11}/GPa	C_{12}/GPa	C_{44}/GPa	B/GPa	$E_{\text{c}}^{\text{Pu-U}}/\text{eV}$	α（无量纲）	r_{e}/nm	δ（无量纲）
数值	66.752 9	77.724 7	29.711 0	66.914 3	10.341 8	3.170	0.339 41	0.090 18

3.4　Ga‑U EAM 原子间作用势

3.4.1　计算方法

为了获得 UGa 分子基态的电子状态，通过对 U 原子的价电子采用 $(5s4p3d4f)/[3s3p2d2f]$ 收缩基函数进行处理，原子实采用相对论有效原子实势（RECP）近似，Ga 原子采用 $6-311++G*$ 全电子基组，B3LYP 杂化交换‑相关泛函对 UGa 分子进行计算，然后采用 Murrell‑Sorbie 解析势能函数式（3.1）对势能数据进行拟合。

U 和 Ga 原子基态电子状态的不可约表示为 ^5L_u 和 ^2P_u，将 U 和 Ga 原子按照 UGa（$C_{\infty V}$群）的对称性进行分解：

$$U: {}^5L_u \rightarrow {}^5\Sigma_u{}^- \oplus {}^5\Pi_u \oplus {}^5\Delta_u \oplus {}^5\Phi_u \oplus {}^5\Gamma_u \oplus \cdots$$
$$Ga: {}^2P_u \rightarrow {}^2\Sigma_u{}^+ \oplus {}^2\Pi_u$$

所以 UGa 分子可能的电子状态为

$$^5L_u \otimes {}^2P_u = ({}^5\Sigma_u{}^- \oplus {}^5\Pi_u \oplus {}^5\Delta_u \oplus {}^5\Phi_u \oplus {}^5\Gamma_u \oplus \cdots) \otimes ({}^2\Sigma_u{}^+ \oplus {}^2\Pi_u) =$$
$$^{4,6}\Sigma_g{}^- \oplus {}^{4,6}\Sigma_g{}^+ \oplus {}^{4,6}\Pi_g(3) \oplus {}^{4,6}\Delta_g(3) \oplus {}^{4,6}\Phi_g(2) \oplus$$
$$^{4,6}[\Sigma_g{}^-](3) \oplus {}^{4,6}\Gamma_g \cdots$$

为了获得 U‑Ga 合金的 EAM 作用势模型，对 Ga_3U 金属间化合物（$L1_2$ 结构）进行了 DFT 计算，Ga 和 U 元素的参考晶体结构是 fcc 结构。Ga 和 U 元素的 EAM 作用势参数见表 2.2 和表 3.4，DFT 计算条件与 3.2 节相同。

3.4.2　结果和讨论

经计算可知，当 UGa 分子多重态为 6，U 原子与 Ga 原子之间距离为 0.296 nm 时，UGa 分子势能最低（此时分子最稳定），所以 UGa 分子基态电子状态为 $X^6\Sigma^-$。单点势能曲线用正则方程组拟合修正 Murrell‑Sorbie 解析势能函数结果见表 3.8，计算数据和 Murrell‑Sorbie 拟合结果与原子间距之间的函数关系如图 3.11 所示。

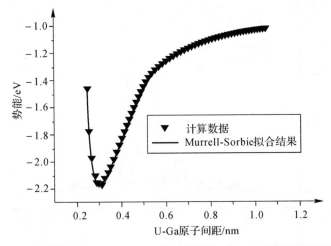

图 3.11　计算数据和 Murrell‐Sorbie 拟合结果与 U‐Ga 原子间距的函数关系

表 3.8　UGa 分子基态电子状态 $X^6\Sigma^-$ 的修正 Murrell‐Sorbie 解析势能函数参数：离解能 D_0，平衡原子间距 r_0 和 $a_l(l=1\sim7)$

D_e/eV	r_e/nm	a_1/nm^{-1}	a_2/nm^{-2}	a_3/nm^{-3}	a_4/nm^{-4}	a_5/nm^{-5}	a_6/nm^{-6}	a_7/nm^{-7}
2.166 66	0.296	1.037	$-0.027\ 33$	0.754 1	$-0.572\ 4$	0.2472	$-0.044\ 76$	0.003 525

　　为了从微观水平理解 Ga_3U 有序金属间化合物的电子结构，研究了该化合物中各个元素的 PDOS。U $5f,6d$ 和 Ga $4p$ 状态的 PDOS 如图 3.11 所示。从图 3.11 中可以看出，U $5f,6d$ 和 Ga $4p$ 状态之间存在明显的杂化和混合效应。在 $-2\sim5$ eV 能量范围内存在三个明显的 $5f$ 峰。与图 3.1 相比可知，$0\sim2$ eV能量范围内的 $5f$ 峰值下降，这个现象表明有部分 $5f$ 电子参与了化学成键过程。

　　Ga_3U 有序金属间化合物的 GGA 计算结果见表 3.9。根据式(3.13)、式(3.14)可知，内聚能与原子间距之间的函数关系如图 3.13 所示。将表 3.9 中体积模量和原子体积(晶格常数 $a_0=1.414r_e$)代入 0 K Rose 普适状态方程获得指数衰减因子 α。通过对内聚能与不同原子间距之间关系进行 Rose 普适状态方程的最小二乘法拟合可以获得升华焓 E_c，平衡原子间距 r_e 和 δ(与参考结构中体积模量的压强微分相关的参数)。因为 $\delta>0$，所以 Rose 普适 EOS 中三次高阶项硬化了作用势的排斥支，而软化了作用势的吸引支。

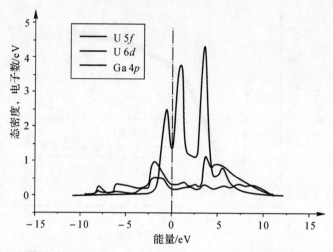

图 3.12　GGA 计算获得的 Ga_3U 有序金属间化合物($L1_2$结构)中 U $5f$(黑线)、$6d$(深灰线)和 Ga $4p$ 状态(灰线)PDOS。Fermi 能级(虚线)位于 0 eV

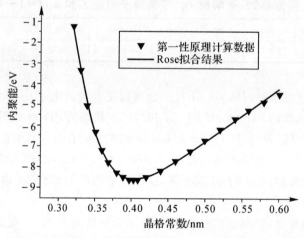

图 3.13　Ga_3U 金属间化合物内聚能的 GGA 计算结果(填充的三角形)和 Rose 普适状态方程(实线)拟合结果与晶格常数之间的函数关系

表 3.9　Ga_3U 金属间化合物的 GGA 计算结果和 EAM 作用势参数

C_{11}/GPa	C_{12}/GPa	C_{44}/GPa	B/GPa	E_c^{Ga-U}/eV	α (无量纲)	r_e/nm	δ(无量纲)
275.670 5	124.332 1	107.731 3	174.778 2	8.635 47	4.353 34	0.286 7	0.023 87

3.5　小　　结

本章根据密度泛函理论(DFT)和嵌入原子方法(EAM)构建了 U–U,Pu–U和 Ga–U EAM 原子间作用势,并在不同的晶体结构下测试了 U–U EAM 原子间作用势的有效性和可移植性。同时将计算结果与实验数据或第一性原理计算结果进行了比对。这些原子间作用势可用于 U 和 Ga 原子对纯 δ 相 Pu 和 Ga 稳定 δ 相 Pu 相稳定性研究。

第4章 金属和化合物性质的第一性原理计算

4.1 理论方法

目前,密度泛函理论(DFT)是凝聚态物理研究领域的重要计算方法,通过该理论方法可以预测大多数材料的物理化学性质,并且计算结果与实验数据相当一致。然而,对于作为强关联体系的锕系材料而言,传统的 DFT 无法进行合适的描述,计算结果与实验数据之间存在明显的差别,有时甚至获得了截然相反的结论。两者之间不一致的主要原因是锕系材料属于强关联体系,其 $5f$ 电子之间具有很强的 Coulomb 相互作用,传统的理论计算方法无法进行有效的描述。DFT 之所以难以处理强关联体系,主要是由于该理论本质上仍然属于 Hartree - Fock 近似,即采用简单的交换-关联势描述复杂的电子-电子相互作用。当电子-电子相互作用较弱时,DFT 是合理的,但是当该相互作用较强时,DFT 就无法进行合适的描述。因此,为了能够更好地描述锕系材料和其他强关联体系(比如 $3d$ 过渡金属及其氧化物)的电子结构,必须对传统理论方法进行改进。到目前为止,国内外的研究人员已经提出了 DFT 的多种修正形式,比如杂化密度泛函 hybrid DFT,GW,Coulomb 相互作用修正方法 DFT$+U$(U 是描述强关联相互作用的 Hubbard 参数)、自相互作用修正方法(SIC - LSDA),LDA + Gutzwiller 变分方法和动力学平均场理论方法(DMFT)等方法研究锕系材料的电子结构。

4.1.1 传统密度泛函理论

对于轻锕系材料的成键行为,DFT 是适用的,原子体积的 DFT 计算结果与实验数据一致。晶体结构同样是 DFT 理论计算中一个很好的测试对象,因为它强烈地依赖于电子结构,特别是 Fermi 能级附近位置,而原子体积的计算结果能够反映成键和反键状态,而无法重现电子结构的细节。之前研究结果表明,DFT 理论适用于轻锕系元素 Th - Pu,Fermi 能级附近的窄 $5f$ 能带导致类 Peierls 变形,使得低对称性晶体结构处于稳定状态,因此出现类似单斜晶体结构的异常相。由于晶体对称性导致电子态简并度的消失,同时能量降低,因此这种变形是有利的。在静水压力条件下,这些窄能带变宽,Peierls 变形消失,而 Madelung 原子间作用力导致原子呈高对称性排列方式。因此,对于锕系元素,通常能够观察到压力导致从低对称性到高对称性晶体结构的相变过程。当考虑自旋-轨道耦合、轨道极化和自旋极化作用后能够重现 Pu 的复杂相图。虽然能量计算结果与相图基本一致,但是仍然无法很好地处理电子关联效应,尤其是磁性问题。

虽然 DFT 方法准确地重现了锕系材料的许多性质,但是 Pu 和 Am 的磁性计算结果仍然是有问题的,这是因为 DFT 在描述原子间非磁性 $5f$ 状态是失效的,而 DFT$+U$ 和 DMFT 方法更适合处理 $5f$ 电子完全局域化的体系。此外,锕系元素在熔化前都是高温体心立方 bcc 相,DFT 理论的一个重要问题是无法描述这个相。标准 DFT 理论基于 Born - Oppenheimer 近似,即将原子冻结在零温度,并且无零点运动,零温度 DFT 方法预测获得高温 bcc 相是力学不稳定的,这表明 DFT 方法在计算这个相时是存在问题的。$5f$ 电子是否参与成键行为是当前争论的焦点,针对这个问题开展了大量的 DFT 研究。大多数研究结果表明,锕系元素的 $5f,6d$ 轨道都参与化学反应,随着锕系元素原子序数的增加,$5f$ 轨道对成键行为的贡献逐渐降低。因此,对于三价氧化状态的 Pu,Am 和 Cm 原子,$5f$ 轨道是空的,$6d$ 轨道贡献大部分电子。对于锕系分子化合物而言,考虑到锕系元素的开壳层特性,所以 DFT 理论无法合适地描述激发态性质和能量变化行为。

4.1.2　超越密度泛函理论

大多数轻锕系材料中 $5f$ 状态的带宽只有几个 eV,并且主要位于 Fermi 能级(E_F)附近或者 E_F 以下,这意味着 DFT$+U$ 方法能够描述这类材料的电子结构。在该方法中,对 f 电子引入额外的在位 Coulomb 相互作用,通过 Coulomb 参数 U 和 Hund 交换参数 J 进行表示,减去双计数项的目的是避免在标准 DFT 理论中已经包含的平均场 Coulomb 相互作用。Coulomb 参数 U 从离域电子的 0.0 eV 变化到 5.0 eV 左右,比如锕系氧化物和 f 电子局域化的重锕系元素,通过约束局域密度近似(cLDA)方法可以估算这个参数值。另外,超越密度泛函理论方法还包含上述的杂化密度泛函 hybrid DFT,GW,SIC - LSDA,LDA＋Gutzwiller 变分方法和 DMFT 等。

4.2 锕系化合物电子结构计算

4.2.1 研究背景

从实验角度考虑,Pu 金属在各种外部环境中具有非常复杂的化学反应性。因此,Pu 金属与 O,H,C,N,S 等元素的反应是研究的重要领域。Pu 在空气中的氧化动力学数据表明腐蚀速率变化很大。在室温空气中,Pu 的氧化速度取决于:①温度,②反应金属的表面积,③氧浓度,④空气中湿气和其他气态物质的含量,⑤合金元素的种类和添加物,⑥金属表面形成的保护性氧化层。其中湿气对氧化速率的影响最大。

虽然 Pu 是一种反应性非常活泼的金属,但是在非常干燥空气($<0.5\times10^{-6}$)中的氧化速率只有 20 pm/h。在干燥空气中,Pu 金属表面覆盖着一层耐氧化的 PuO_2 保护层。实验数据表明当 Pu 表面接触分子 O 时,O 会吸附于金属表面,然后 O 分子分解成 O 原子,从而与 Pu 反应形成氧化层。虽然具有保护性氧化物覆盖,但是 Pu 仍然继续氧化。由于氧化物粒子的连续脱落和表面的重新氧化之间达到稳定的状态,因此腐蚀达到恒定的速率,氧化层在厚度为 $4\sim5\mu m$ 时达到稳定的状态。在 Pu 金属存在条件下,Pu_2O_3 是一种稳定氧化物。因此,在氧化层的氧化物-金属界面上必定存在薄的 Pu_2O_3 层。Pu 金属氧化的最终平衡状态依赖于产物中 O 与 Pu 的摩尔比。Haschke 等研究发现在气体或液体水中存在 PuO_{2+x}。

含有 H 或湿空气的复杂环境条件能够明显地催化 Pu 表面腐蚀速率。在湿空气中,Pu 金属的腐蚀速率比室温下干燥空气的腐蚀速率高 200 倍,比 100℃时干燥空气的腐蚀速率高 5 个量级。这些化学反应不仅会改变材料的几何结构,还会导致细小的粉末形式,从而会增加对操作人员的危害性,这是 Pu 长期储存时最重要的安全问题。

Pu 金属与 H 反应很容易形成与 Pu 氧化物相似的萤石结构 Pu 氢化物(PuH_x,$1.9<x<3.0$)。将覆盖有 Pu 氢化物的 Pu 金属与空气接触常常导致快速反应,其反应速率比空气中的正常反应要快 10^{10} 倍。该反应所释放的 H 不会形成 H_2,而是与可以获得的金属形成其余的 PuH_x。因为 Pu 自辐射将会导致塑料,合成橡胶和其他有机化合物分解产生 H,同时 Pu 与水的化学反应也将产生 H,H 将与 Pu 反应生成 Pu 氢化物,从而明显地催化 Pu 表面腐蚀,所以 Pu 的储存容器中不能存在含氢材料。氢化反应只发生在有限的形

核位置,氢化速率正比于氢化物覆盖的活性区域,随着时间的增加而呈指数增加。当形核位置完全覆盖 Pu 金属表面时,氢化速率达到最大值。Pu 氢化物催化的氧化反应含有 5 个主要的过程:在气体-固体界面上 O_2 的反应,O 扩散穿过产物氧化物层,在氧化物-氢化物界面上氢化物的氧化,产物 H 扩散穿过氢化物层,以及在氢化物-金属界面上重新生成氢化物。

　　一旦 Pu 氢化物反应位置形核,那么在表面上(横向生长)快速生长这些位置,同时渗透进入材料基体(渗透生长)。当氢化物反应产物覆盖整个表面时,以基体渗透生长速率形成 Pu 氢化物。当形核位置完全覆盖 Pu 金属表面时,氢化速率达到最大值。Pu 氢化物催化的氧化反应含有五个主要的过程:在气体-固体界面上 O_2 的反应,O 扩散穿过产物氧化物层,在氧化物-氢化物界面上氢化物的氧化,产物 H 扩散穿过氢化物层,以及在氢化物-金属界面上重新生成氢化物。最近研究工作表明虽然反应位置趋向于半球形,但是一些位置生长为扁平半球形,同时在金属/氢化物界面前沿形成混合相。

　　Brierley 等研究发现反应位置是扁球状的,这可能是由于氢化物位置附近金属上没有形成天然氧化物所致。与周围金属相比,氢化物反应位置的内部具有明显改变的微结构。Pu 金属中氢化物的生长与冶金特征明显相关,从而导致不连续的界面。Pu 氢化物覆盖的 Pu 在空气中反应速率非常快,但比纯 O 环境中要慢 100 倍,这主要是由于空气中的 N 参与了反应或扩散过程,N 的参与抑制了空气中 Pu 氢化物催化所致的腐蚀速率。傅依备等研究发现 CO 对 δ-Pu 表面腐蚀具有一定的还原作用,因此 CO 气氛有利于 Pu 金属的储存。李权等通过 CO 和 H_2 与 Pu,PuO,Pu_2O_3,PuO_2 反应自由能变的计算结果,提出 CO-H_2 系统使得 Pu 表面形成致密和稳定的 Pu_2O_3“钝化膜”,从而阻止 CO 和 H_2 气体进一步向内扩散,从而达到保护 Pu 金属的目的。

　　由于 Pu 具有极强的化学反应性、极毒性和放射性,因此实验研究非常少。Kohn 和 Sham 提出的密度泛函理论 DFT 能够很好地重现大量材料的电子结构、磁性性质和力学性质。然而对于 $5f$ 电子处于离域和局域边界位置的 Pu 元素,其异常的物理、化学、磁性和力学性质,以及强相对论效应和强关联效应,使其成为元素周期表中最令人迷惑的元素。为了描述该元素,凝聚态物理学家和电子研究团队提出了多种密度泛函理论修正方法。Ao 等首次从理论上预测了 Pu-H 体系中金属-绝缘体转变行为,同时通过 LDA+U 方案研究了 fcc Pu 氢化物的晶格收缩行为。Ao 等通过全势线性缀加平面波方法与 Hubbard 参数 U 和自旋-轨道效应的结合研究了化学当量和非化学当量面心立方 Pu 氢化物(PuH_x,$x=2,2.25,2.5,2.75,3$),研究结果表明化学键增强效应和包含间隙原子的尺寸效应导致晶格收缩。Yang 等采用基于密度泛函理论(DFT)+U 的从头算方法,系统地研究了不同 PuH_x 化合物的电子性质,获得 PuH_2 的反铁磁基态和 PuH_3 的铁磁基态,以及不同温度条件下 PuH_x 化合物的氢化能和脱氢能。Zheng 等通过密度泛函理论 DFT+U 方法对 Pu 氢化物 $PuH_x(x=2,3)$ 的电子状态、磁性状态、化学键和声子谱进行第一性原理计算,研究发现强关联效应和 SOC 效应对于正确描述其基态性质起着非常重要的作用。除了 Ao 和 Zheng 等研究工作以外,很少考虑自旋极化、Hubbard U 和自旋-轨道耦合(SOC)效应对 Pu 氢化物电子、磁性和力学性质的影响。因此,本节计划采用考虑强相对论效应和强关联效应的密度泛函理论方法研究 Pu 氢化物的电子和磁性性质。

上述的表面反应极大地影响 Pu 操作和储存流程,因此 Pu 需要保存在密封的干燥容器中,同时该容器中不能存在含氢材料。因为 CO 和 N 的存在能够有效地抑制腐蚀速率,所以可将 Pu 金属储存在 CO 或者 N 环境中,而氢化钚必须在无氧气氛中处理和储存。钚的长期储存要求严格控制部件加工和组装的环境气氛,同时储存罐的真空环境能够有效地阻止氧化层的累积。从 Pu 材料老化角度考虑,最重要的是要确保 Pu 材料密封良好,而且在生产过程中排除其他外来污染的影响。在 Pu 材料生产的最后阶段,必须采用清洁方法。美国能源部(DOE)库存管理计划的经验表明,由于采用先进的清洁和密封方法,因此经过数十年储存后弹芯仍然相当完整,而且表面没有腐蚀。

4.2.2　计算方法

由于锕系元素一般具有强关联效应和强相对论效应,在电子结构计算时需要考虑多种因素,比如对于 δ 相 Pu,当 $U=3.0\sim4.0\text{eV}$ 时,DFT+U 计算方法自洽收敛到非磁基态。对于其他 Pu 化合物,相对论 DFT+U 方法同样获得了非磁基态,一个典型的范例是重 Fermi 超导体 $PuCoGa_5$。下面以 Pu_4H_{12} 晶胞为例详细阐述计算流程:采用 VASP 程序中投影缀加波 PAW 方法进行第一性原理总能计算。通过局域密度近似或者广义梯度近似 GGA 描述交换-关联效应,平面波的截止能设置为 750eV。对于 PuH_3 的 fcc 单位晶胞,Brillouin 区 BZ 中采用 Monkhorst - Pack(MP)13×13×13 个 k 点网格,这使得计算结果收敛至低于 $1.0×10^{-6}\text{eV}$。Pu $6s^2 7s^2 6p^6 6d^2 5f^4$ 和 H $1s^1$ 轨道视为价电子。采用 LDA/GGA+U 方法描述 Pu 局域 $5f$ 电子之间的强烈原位 Coulomb 排斥作用。本节采用 Hubbard 参数 $U=4.0$ eV,Hund 交换参数固定为 $J=0.0$ eV。由于这些 Pu 氢化物的电子结构中存在强烈的 SOC 效应和关联效应,因此同样讨论包含/不包含 SOC 和自旋极化 SP 效应。Pu_4 H_{12} 的晶胞模型如图 4.1 所示。

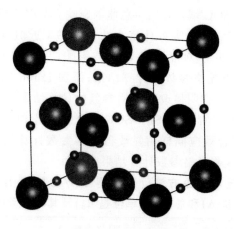

图 4.1　$Pu_4 H_{12}$ 的晶胞模型

4.2.3　结果和讨论

对于铁磁 FM 磁序(由于篇幅限制,本节没有列出反铁磁 AFM 和非磁 NM 磁序)PuH_3 而言(见表 4.1 和图 4.2 至图 4.33),在总能计算方面,交换-关联泛函采用不同的近似方法(GGA 或者 LDA)对总能的影响不明显;在平衡晶格常数 a_0 之前,SP 效应几乎没有产生明显的影响,而当晶格参数高于 a_0 时,SP 效应(SP+GGA+U vs GGA+U,SP+LDA+U vs LDA+U,SP+GGA vs GGA)导致总能明显下降;Hubbard U 参数对总能影响的总体趋势服从线性减少关系,只有 SP+GGA+U vs SP+GGA 和 GGA+SOC+U vs GGA+SOC 方法在高于平衡晶格常数 a_0 后,导致总能出现明显的弯折现象;自旋-轨道耦合 SOC 对总能影响的总体趋势同样服从线性减少关系,只有 SP+GGA+SOC vs SP+GGA,SP+LDA+U+SOC vs SP+LDA+U 和 SP+GGA+U+SOC vs SP+GGA+U 方法在高于平衡晶格常数 a_0 后,导致总能出现明显的弯折现象;SP+SOC 耦合效应对总能的影响完全服从线性减少趋势;SP+U 耦合效应对总能影响的总体趋势同样服从线性减少关系,只有 SP+U+LDA vs LDA、SP+U+GGA vs GGA 方法在高于平衡晶格常数 a_0 后,导致总能出现明显的弯折现象;U+SOC 耦合效应对总能影响的总体趋势同样服从线性减少关系,SP+LDA+U+SOC vs SP+LDA 和 LDA+U+

SOC vs LDA 甚至完全重合,这同样表明自旋极化的影响很小,只有 SP+GGA+U+SOC vs SP+GGA 方法在高于平衡晶格常数 a_0 后,导致总能出现弯折现象;SP+U+SOC 耦合效应对总能的影响完全服从线性减少趋势。

对于晶格参数而言,在所有计算方法中,GGA 近似计算结果明显优于 LDA 近似;SP 效应几乎对晶格参数没有影响,只是在 SP+GGA+U vs GGA+U 中稍微改善晶格参数的计算结果;添加 Hubbard U 参数明显改善计算结果;SOC 效应同样明显改善晶格参数的计算结果;SP+U 耦合效应同样明显改善晶格参数计算结果;SP+SOC 耦合效应同样明显改善晶格参数计算结果;U+SOC 耦合效应同样明显改善晶格参数计算结果;SP+U+SOC 耦合效应同样明显改善晶格参数计算结果。

表 4.1　密度泛函理论方法计算获得 FM/AFM PuH$_3$ 体系的晶格参数（单位是 Å）和总磁矩（单位是 μ_B）及其与实验数据之间比较

磁矩	计算方法	晶格参数/Å	总磁矩/μ_B
FM	SP+GGG+U+SOC	5.342 1	19.989 8 (19.777 23[a])
	GGA+U+SOC	5.343 8	19.990 3
	SP+LDA+U+SOC	5.213	19.904 7
	LDA+U+SOC	5.213	19.904 7
	SP+GGA+SOC	5.240	18.772 0
	GGA+SOC	5.240	18.752 3
	SP+LDA+SOC	5.107	17.968 2
	LDA+SOC	5.107	17.968 2
	SP+GGA+U	5.302	−3.882 6
	GGA+U	5.206	—
	SP+LDA+U	5.086	−0.000 2
	LDA+U	5.086	—
	SP+GGA	5.053	−0.006 8
	GGA	5.052	—
	SP+LDA	4.945	−0.010 7
	LDA	4.945	—

续 表

磁矩	计算方法	晶格参数/Å	总磁矩/μ_B
AFM	SP+GGA+U+SOC	5.358	0.0
	GGA+U+SOC	5.357	0.0
	SP+LDA+U+SOC	5.231	0.0
	LDA+U+SOC	5.231	0.0
	SP+GGA+SOC	5.246	0.0
	GGA+SOC	5.246	0.0
	SP+LDA+SOC	5.109	0.0
	LDA+SOC	5.109	0.0
	SP+GGA+U	5.302	0.0
	GGA+U	5.206	0.0
	SP+LDA+U	5.086	0.0
	LDA+U	5.086	0.0
	SP+GGA	5.053	0.0
	GGA	5.052	0.0
	SP+LDA	4.945	0.0
	LDA	4.945	0.0
NM	SP+GGA+U+SOC	5.339	—
	GGA+U+SOC	5.339	—
	SP+LDA+U+SOC	5.211	—
	LDA+U+SOC	5.211	—
	SP+GGA+SOC	5.242	—
	GGA+SOC	5.242	—
	SP+LDA+SOC	5.110	—
	LDA+SOC	5.109	—
	SP+GGA+U	5.348	—
	GGA+U	5.206	—

续 表

磁矩	计算方法	晶格参数/Å	总磁矩/μ_B
NM	SP+LDA+U	5.086	—
	LDA+U	5.086	—
	SP+GGA	5.242	—
	GGA	5.052	—
	SP+LDA	5.109	—
	LDA	4.945	—
全势全电子计算结果	SP+GGG+U+SOC	5.343	—
实验值		5.34	

全势线性缀加平面波(FP——APW)计算结果。

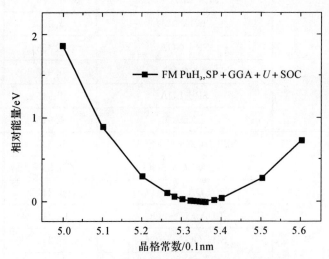

图 4.2　FM 磁序 PuH$_3$ 化合物 SP+GGA+U+SOC 相对总能与晶格参数之间关系,最低能量作为参考点

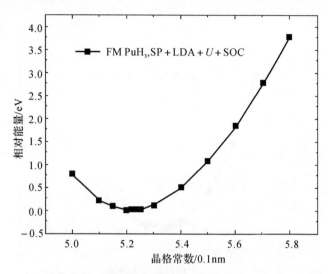

图 4.3　FM 磁序 PuH₃ 化合物的 SP＋GGA＋U＋SOC 相对总能与晶格参
数之间关系,最低能量作为参考点

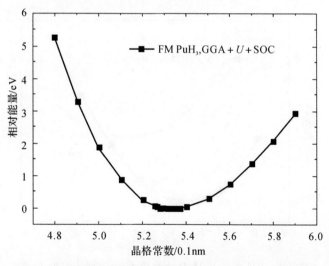

图 4.4　FM 磁序 PuH₃ 化合物的 SP＋GGA＋U＋SOC 相对
总能与晶格参数之间关系,最低能量作为参考点

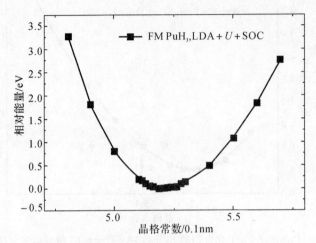

图 4.5　FM 磁序 PuH₃ 化合物的 LDA+U+SOC 相对总能与晶格
参数之间关系,最低能量作为参考点

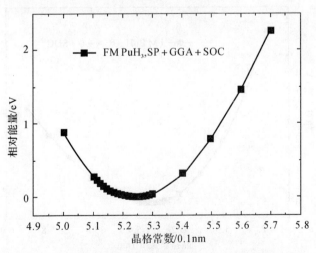

图 4.6　FM 磁序 PuH₃ 化合物的 SP+GGA+SOC 相对
总能与晶格参数之间关系,最低能量作为参考点

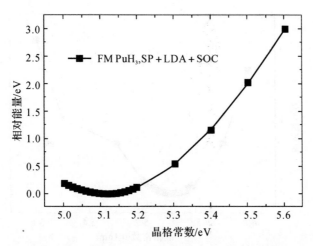

图 4.7　FM 磁序 PuH$_3$ 化合物的 SP＋LDA＋SOC 相对总能与晶格参
　　　　数之间关系,最低能量作为参考点

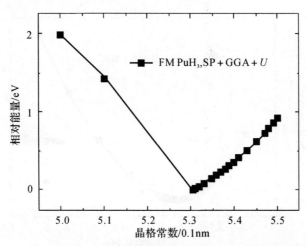

图 4.8　FM 磁序 PuH$_3$ 化合物的 SP＋GGA＋U 相对总能与晶格参数
　　　　之间关系,最低能量作为参考点

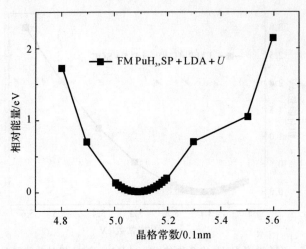

图 4.9　FM 磁序 PuH₃ 化合物的 SP+LDA+U 相对总
能与晶格参数之间关系，最低能量作为参考点

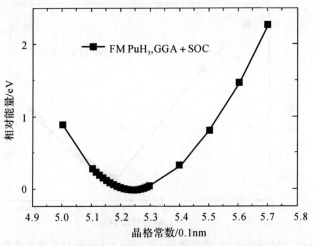

图 4.10　FM 磁序 PuH₃ 化合物的 GGA+SOC 相对总能
与晶格参数之间关系，最低能量作为参考点

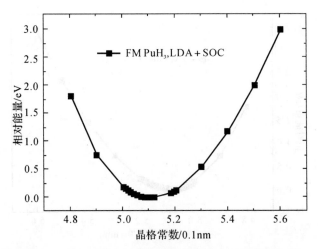

图 4.11　FM 磁序 PuH₃ 化合物的 LDA＋SOC 相对总能
与晶格参数之间关系，最低能量作为参考点

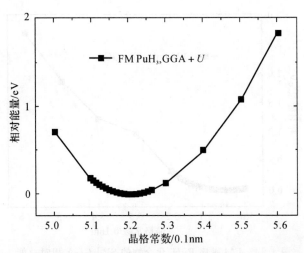

图 4.12　FM 磁序 PuH₃ 化合物的 GGA＋U 相对总能
与晶格参数之间关系，最低能量作为参考点

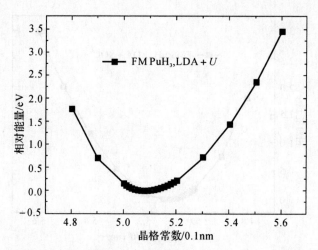

图 4.13　FM 磁序 PuH₃ 化合物的 LDA＋U 相对总能与
晶格参数之间关系，最低能量作为参考点

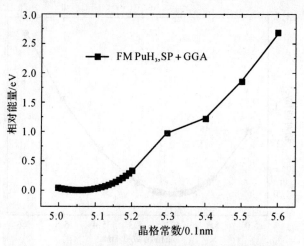

图 4.14　FM 磁序 PuH₃ 化合物的 SP＋GGA 相对总能
与晶格参数之间关系，最低能量作为参考点

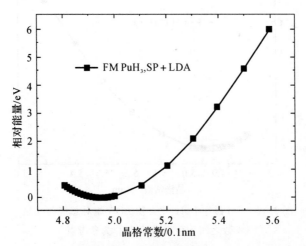

图 4.15　FM 磁序 PuH₃ 化合物的 SP＋LDA 相对总能
与晶格参数之间关系,最低能量作为参考点

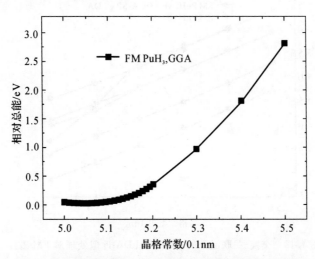

图 4.16　FM 磁序 PuH₃ 化合物的 GGA 相对总能与晶格
参数之间关系,最低能量作为参考点

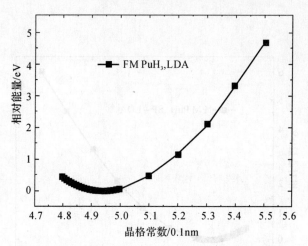

图 4.17　FM 磁序 PuH₃ 化合物 LDA 相对总能与晶格
参数之间关系，最低能量作为参考点

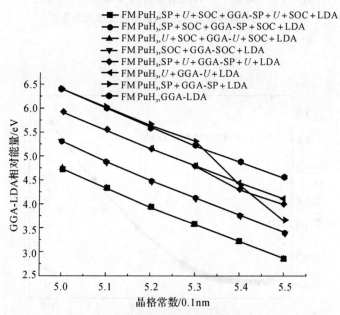

图 4.18　交换-关联泛函的 GGA 和 LDA 近似处理对 FM 磁序
PuH₃ 化合物总能的影响与晶格参数之间关系

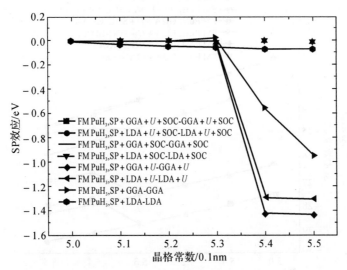

图 4.19   自旋极化（SP）效应对 FM 磁序 PuH$_3$ 化合物总能的
影响与晶格参数之间关系

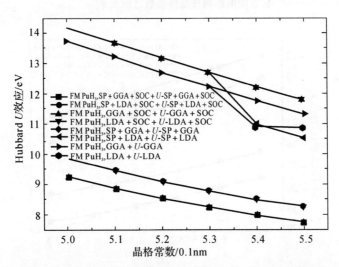

图 4.20   Hubbard U 参数对 FM 磁序 PuH$_3$ 化合物总能的
影响与晶格参数之间关系

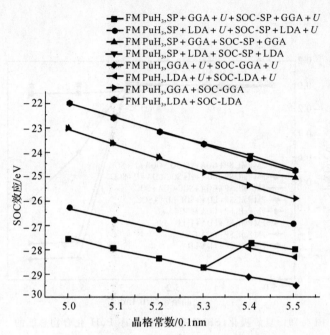

图 4.21　自旋-轨道耦合效应(SOC)对 FM 磁序 PuH₃ 化合
物总能的影响与晶格参数之间关系

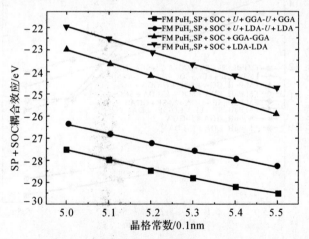

图 4.22　自旋-轨道耦合效应(SOC)＋自旋极化(SP)效应对 FM 磁序
PuH₃ 化合物总能影响与晶格参数之间关系

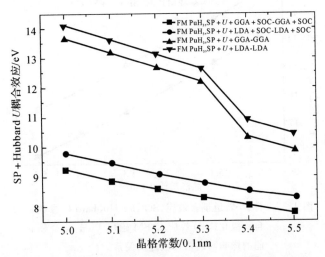

图 4.23　自旋极化(SP)效应＋Hubbard U 参数对 FM 磁序 PuH₃ 化合物总能影响与晶格参数之间关系

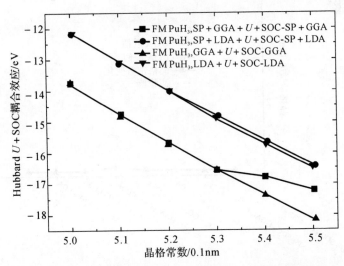

图 4.24　自旋-轨道耦合效应(SOC)＋Hubbard U 参数对 FM 磁序 PuH₃ 化合物总能的影响与晶格参数之间关系

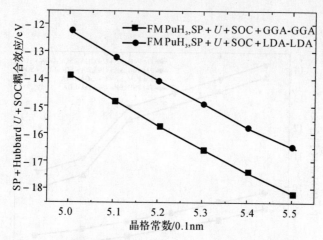

图 4.25 自旋-轨道耦合效应(SOC)＋Hubbard U 参数＋
自旋极化(SP)效应对 FM 磁序 PuH₃ 化合物总
能的影响与晶格参数之间关系

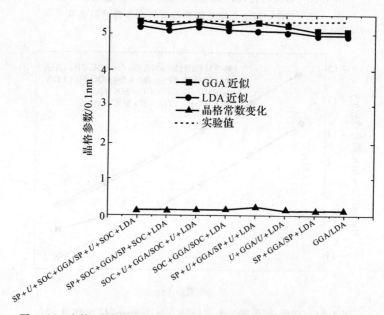

图 4.26 交换-关联泛函的 GGA 和 LDA 近似处理对 FM 磁序 PuH₃
化合物晶格参数计算值的影响

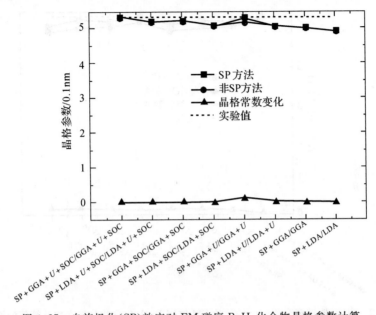

图 4.27　自旋极化(SP)效应对 FM 磁序 PuH$_3$ 化合物晶格参数计算
值的影响

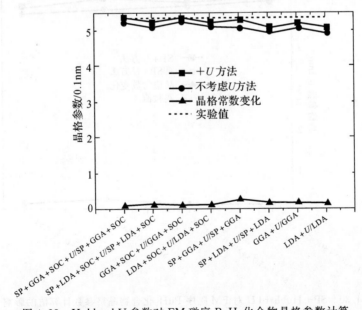

图 4.28　Hubbard U 参数对 FM 磁序 PuH$_3$ 化合物晶格参数计算
值的影响

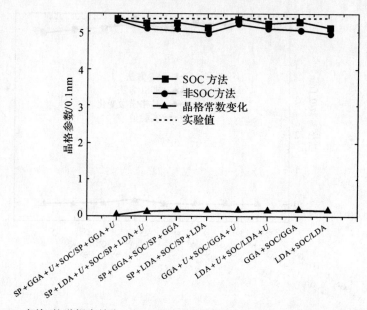

图 4.29　自旋-轨道耦合效应(SOC)对 FM 磁序 PuH$_3$化合物晶格参数计算值的影响

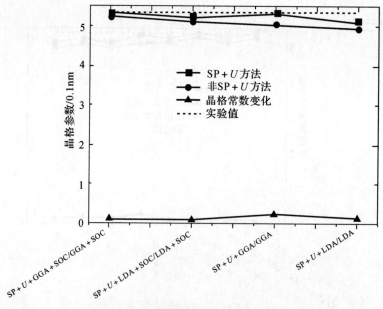

图 4.30　SP＋Hubbard U 对 FM 磁序 PuH$_3$化合物晶格参数计算值的影响

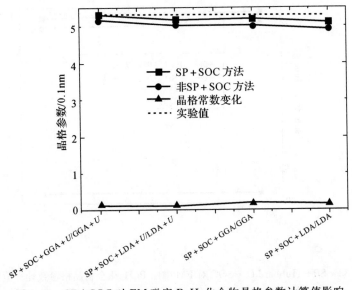

图 4.31　SP＋SOC 对 FM 磁序 PuH$_3$化合物晶格参数计算值影响

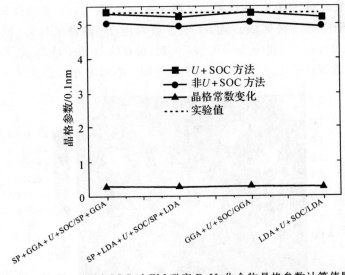

图 4.32　Hubbard U＋SOC 对 FM 磁序 PuH$_3$化合物晶格参数计算值影响

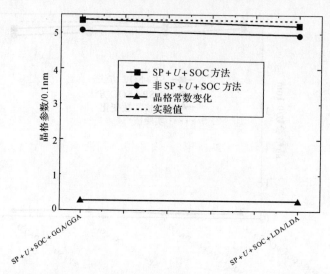

图 4.33　SP＋Hubbard U＋SOC 对 FM 磁序 PuH_3 化合物晶格参数计算值影响

为了进一步理解 PuH_3 体系的电子性质，同时描绘了差分电荷密度和态密度，如图 4.34 和图 4.35 所示。从图 4.34 可以看出，Pu 主要损失电子（图 4.34 中灰色等高线区域），而 H 电子获得电子（黑色区域）。同时，位于 $(0.50,0.00,0.00)$ 和 $(0.25,0.25,0.25)$ 位置的 H 原子是 Pu 原子的第一近邻和第二近邻原子，比 $(0.5,0.5,0.5)$ 位置的中心 H 原子获得更多的电子。

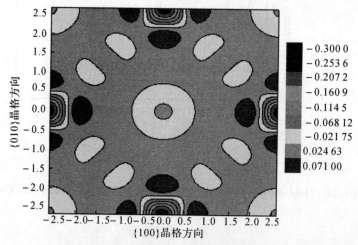

图 4.34　SP＋GGA＋U＋SOC 方法计算获得 FM 磁序 PuH_3 体系中沿着
$\{100\}$ and $\{010\}$ 晶格方向上差分电荷密度

如图 4.35(a)所示,Pu 6d 状态占据低能价带。在 Fermi 能级位置附近出现三个峰:两个峰位于 Fermi 能级下方,另一个峰位于低能的导带。自旋向上 DOS 高于自旋向下分量,所以产生磁矩(见表 4.1)。同时需要注意的是,Fermi 能级存在电子占据数,这表明 FM PuH$_3$ 体系是金属,这与图 4.34 中差分电荷密度分析结果一致。对于 $5f^n(n=1, 2, 3)$ 构型,$5f^2$ 状态占据 -2.5 eV 和 -1.5 eV 能量范围内 Pu $5f$ PDOS。然而,$5f^3$ 状态对高能价带和低能导带产生主要的贡献,这意味着穿过 Fermi 能级的电子跃迁主要来自 $5f^3$ 状态。

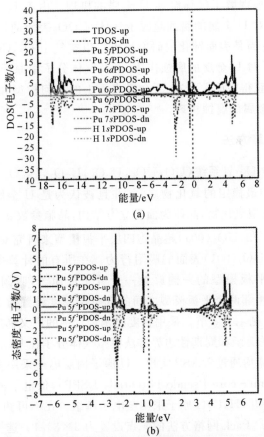

图 4.35　SP+GGA+U+SOC 方法计算获得 FM PuH$_3$ 体系态密度(DOS)

(a)总态密度(TDOS)和偏态密度(PDOS);

(b)Pu $5f$ PDOS 的 $5f^n(n=1, 2, 3)$ 贡献。实线和虚线分别
表示自旋向上和自旋向下电子结果。Fermi 能级设置为零能量(紫色虚线)

4.3 锕系化合物表面化学吸附行为研究

4.3.1 研究背景

锕系金属化学性质非常活泼,比如 U 金属即使是在真空中,也会和微量的水蒸气反应,生成 UO₂ 薄膜,几乎不存在具有清洁表面的 U 金属。目前,人们对气体(比如氧气、水蒸气、二氧化碳等)在清洁 U 表面的行为进行了大量研究,系统深入地理解了气体腐蚀 U 金属的机理。由于 U 金属表面存在着 UO₂ 薄膜,气体对 U 金属的腐蚀起源于气体对 UO₂ 表面的钝化作用,而气体在表面的吸附行为是表面钝化的研究焦点。以空气中 O_2,CO_2,H_2O 分子为例研究气体分子对 U 金属的腐蚀作用,以及气体分子中原子在 UO₂(001)表面的吸附行为,获得吸附原子在 U 金属表面上的几何构型和电子结构,从电子尺度揭示 U 金属的腐蚀机理。

4.3.2 计算方法

UO₂ 是复杂 U-氧系统(UO,UO_2,U_4O_9,U_3O_7,$U_{16}O_{37}$,U_8O_{19},U_2O_5,U_3O_8 和 UO_3)中最稳定的氧化物之一,并且被认为是 U 金属氧化的最优产物。UO₂ 属萤石型氧化物,晶体为面心立方结构,晶胞参数 $a=0.527$ nm。在计算中采用 $\sqrt{2}\times\sqrt{2}$ UO₂(001)超晶胞四层平板模型来研究 O_2,CO_2,H_2O 及 H,C,O 原子在 UO₂(001)表面的吸附行为。在所有的计算中采用了单面吸附方法,即只在平板模型的一侧放置一个分子或原子,吸附厚度为 0.5ML (Monolayer)。相邻两个平板模型之间的真空层厚度设置为 2 nm,真空层厚度的测试结果详见 4.3.3 节。采用密度泛函理论中的广义梯度近似(GGA),PW91 交换-关联泛函和周期性边界方法模拟气体分子在 UO₂(001)表面的吸附行为,所有计算均通过 VASP 实现。U 原子内层电子采用密度泛函半原子实赝势(DFT Semi-core Pseudo Potential,DSPP),价电子波函数采用双数值基组(DND)展开,H,C,O 原子采用全电子基组。在不可约 Brillouin 区中,通过 Monkhorst-Pack 网格方法的 k 点设置为 $3\times3\times1$。选择 4 个原子层作为一个平板厚度,固定下面两层原子进行计算。

气体分子在 UO₂(001)表面的吸附能 $E_{\text{adsorption}}$ 公式如下:

$$E_{\text{adsorption}} = E_{\text{adsorbate}} + E_{\text{adsorbent}} - E_{\text{system}} \tag{4.1}$$

式中,$E_{\text{adsorbate}}$ 表示被吸附物的能量;$E_{\text{adsorbent}}$ 表示吸附剂的能量;E_{system} 为吸附后

系统的总能量。

为了验证所选参数,计算了 UO_2 三个低指数表面(001,011 和 111)的表面能 E_{surf},并与文献值进行对比,将所得结果列入表 4.2 中。表面能 E_{surf} 的公式为

$$E_{surf} = (E_2 - nE_1)/2A \qquad (4.2)$$

式中,E_2 为表面能量;E_1 为 UO_2 晶体的能量;n 表示表面单胞中所含 UO_2 分子数;A 表示表面的面积。由表 4.2 可以看出,计算值和实验值符合的比较好,因此,所选参数可以用来 U 化合物的表面吸附。

表 4.2　UO_2 的表面能

晶面指数	001	011	111
计算值/$(10^{-7} J/cm^2)$	1.478	1.511	0.965
实验值/$(10^{-7} J/cm^2)$	1.52	1.539	1.069

4.3.3　UO_2(001)表面几何构型

由于原子位置的不同,表面原子存在两种不同的终止结构:A 类结构,即最表层终止于 U 原子,次层为氧原子;B 类结构,即最表层终止于氧原子,次层为 U 原子,如图 4.36 所示。因为研究分子、原子与表面 U 原子之间的相互作用,研究的焦点是 U 原子与气体分子之间的关系,所以只对 A 类结构进行研究。

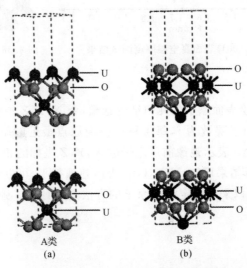

图 4.36　UO_2(001)表面几何构型示意图

对 $UO_2(001)$ 表面表面的真空厚度收敛性进行了测试,计算结果如图 4.37 所示。测试结果表明:当真空层厚度 d 至少为 1.7 nm 时,系统能量变化 (ΔE) 小于 10 meV,可认为真空层厚度收敛。本书采用了 2 nm 的真空层厚度,从而可以确保平板间的相互作用力忽略不计。

4.3.4 $UO_2(001)$ 表面弛豫

由于系统的三维周期性边界在表面处突然中断,表面原子的配位数、电荷分布以及力场都会发生变化。由第一性原理可知,系统趋于能量更低的状态,表面原子可能发生弛豫或重构行为。固定所构建表面的底层三层原子,允许其他三层原子发生弛豫行为时,计算弛豫的构型如图 4.38 所示。

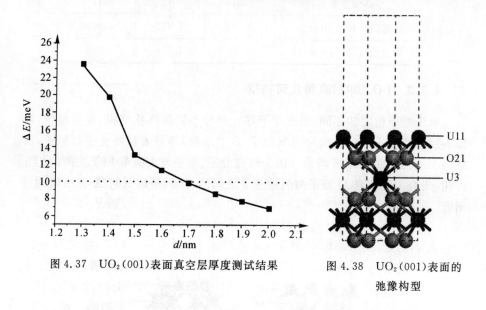

图 4.37 $UO_2(001)$ 表面真空层厚度测试结果

图 4.38 $UO_2(001)$ 表面的弛豫构型

为了定量描绘表面原子的几何结构弛豫,令 X,Y,Z 轴沿着晶体的 a,b,c 基轴方向,表面原子层数为 i,每层原子由距原点最近的原子开始逆时针编号。用 $\Delta X,\Delta Y,\Delta Z$ 表示弛豫前后原子的 X,Y,Z 坐标的相对变化,计算结果见表 4.3。从计算结果可知,$UO_2(001)$ 表面弛豫很小,可以忽略不计。因此,在计算过程中,可以采用固定底层原子的方法进行计算。弛豫后系统的能量降低约 2.91 eV。

表 4.3　$UO_2(001)$ 表面弛豫结果

原子层数	原子编号	弛豫结果		
		$\Delta X/(\%)$	$\Delta Y/(\%)$	$\Delta Z/(\%)$
1	U_{11}	$-2.728\ 6$	$-2.728\ 3$	$-2.961\ 2$
	U_{12}	$-2.728\ 6$	$-2.728\ 3$	$-2.961\ 2$
	U_{13}	$-2.728\ 6$	$-2.728\ 3$	$-2.961\ 2$
	U_{14}	$-2.728\ 6$	$-2.728\ 3$	$-2.961\ 2$
2	O_{21}	$-6.199\ 9$	$-3.296\ 0$	$2.670\ 4$
	O_{22}	$-3.299\ 6$	$-6.199\ 4$	$2.670\ 4$
	O_{23}	$-6.199\ 9$	$-3.296\ 0$	$2.670\ 4$
	O_{24}	$-3.299\ 6$	$-6.199\ 4$	$2.670\ 4$
3	U_3	$-3.406\ 3$	$-3.405\ 6$	$1.657\ 0$

4.3.5　气体分子在 $UO_2(001)$ 表面的化学吸附

气体分子吸附在 $UO_2(001)$ 表面是气体与 UO_2 反应的基础和前提条件。研究气体分子在 $UO_2(001)$ 表面的吸附行为需要研究以下问题:分子的吸附构型、吸附能以及分子与 $UO_2(001)$ 表面的成键与电荷转移情况,其中分子吸附构型由吸附位置、吸附取向和吸附高度三个因素决定。

根据能量最低原理,系统的对称性越高,系统的能量越低,系统越稳定。研究分子吸附时,优先考虑气体分子在晶体表面的高对称位置的吸附。对 $UO_2(001)$ 表面而言,高对称位置有短桥位(SB,Short Bridge)、长桥位(LB,Long Bridge)和 U 原子正上方(U - top)。桥位一般是优先吸附位置。为提高计算效率,在计算分子在 $UO_2(001)$ 表面的吸附行为时,只考虑了两种吸附位置:短桥位(SB)和长桥位(LB),而没有考虑 U - top 位置。此外,吸附取向与分子的结构密切相关。

1. O_2 分子在 $UO_2(001)$ 表面的吸附行为

O_2 是直线型分子,其相对于 $UO_2(001)$ 表面存在两种吸附取向:平行(Parallel)和垂直(Vertical)。O_2 分子在 $UO_2(001)$ 表面的吸附构型如图 4.39 所示,其中 h 表示吸附高度,当分子吸附高度不同时,系统的能量将会不同。根据能量最低原理,系统能量最低的吸附高度为 O_2 在该位置的最可能吸附高度。

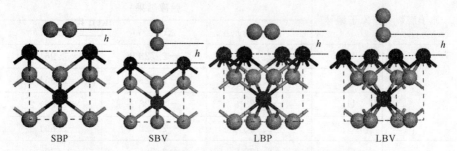

图 4.39　O_2 分子吸附在 UO_2(001)表面结构示意图

　　本节计算了上述四种构型在不同吸附高度时 O_2 – UO_2(001)系统的能量,计算结果见表 4.4。对于每一个所研究的吸附位置而言,选择能量最低的系统进行几何优化,优化后的构型即为分子在该位置的实际吸附构型。

表 4.4　O_2 – UO_2(001)系统能量

几何结构	S – B – P				
h	0.236	0.237	0.238	0.239	0.240
E_{system}/eV	13 257.389	−13 257.404	−13 257.409	−13 257.405	−13 257.393
几何结构	L – B – P				
h	0.220	0.221	0.222	0.223	0.224
E_{system}/eV	−13 256.740	−13 256.7	−13 256.8	−13 256.7	−13 256.7
几何结构	L – B – P				
h	0.208	0.209	0.210	0.211	0.212
E_{system}/eV	−13 258.044	−13 258.050	−13 258.052	−13 258.049	−13 258.041
几何结构	L – B – V				
h	0.190	0.191	0.192	0.193	0.194
E_{system}/eV	−13 256.771	−13 256.774	−13 256.775	−13 256.773	−13 256.768

　　计算得到了 O_2 分子在表面吸附的几何构型参数、吸附能以及键长、Mulliken 电荷,见表 4.5。从表 4.5 可以看出,O_2 分子在 LB 位置平行吸附时吸附能(18.6 kJ/mol)最大,吸附能越大,意味着吸附分子与衬底之间的相互作用越强烈。O_2 的最稳定吸附构型为 L – B – P,吸附后 U – O 键长为 2.24Å,

如图 4.40 所示。吸附后 UO₂(001)表面 U 原子的 Z 坐标的最大变化量为 $-$0.41%,可见 O₂分子吸附对 UO₂(001)表面几乎没有影响。

表 4.5　O₂分子的吸附构型、吸附能、键长及 Mulliken 电荷

几何结构	$E_{adsorption}$/(kJ/mol)	d_{o-o}/nm	Q/(e)
S-B-P	17.1	0.141 8	-0.532
S-B-V	14.8	0.136 7	-0.628
L-B-P	18.6	0.1431	-0.752
L-B-V	15.1	0.1418	-0.581
自由 O₂分子	——	0.120 9	0

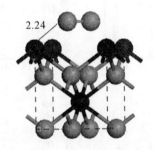

图 4.40　O₂分子吸附在 UO₂(001)表面的最稳定吸附构型

为进一步分析 O₂ 在 UO₂(001)表面的吸附行为,计算了 O₂ 和 UO₂(001)表面 U 原子在吸附前后的电子态密度(DOS),如图 4.41 所示,图中显示了 L-B-P 型的吸附后 DOS。

图 4.41(a)描绘了吸附前后 O₂ 的 s,p 轨道电子的 DOS。从图中可以看出:当吸附后,O₂ 的最高能量的 DOS 的特征峰向低能量方向移动,这表明 O₂ 从衬底中获得电子,这与 Mulliken 电荷分析的结果一致。图 4.41(b)描绘了吸附前后 U 原子 d,f 电子壳层的 DOS,从图中可以看出:d 轨道的峰值由 44.744 减小为 6.890,峰面积明显减小,这表明 d 轨道失去电子;f 轨道的峰值由 0.650 5 eV 右移到 0.774 3 eV 处,说明 f 轨道失去电子;在 $-2\sim-1$ eV 的能量范围中出现了新的 d,f 轨道,这些轨道是由 O₂ 分子电子所致。

图 4.41(c)描绘了 L-B-P 构型中 O $2s$ 轨道电子与 U $6d,5f$ 轨道电子的 DOS。从图中可以看出:O $2s$ 轨道电子与 U $6d$ 轨道电子存在明显的混合行为,而 O $2s$ 轨道电子 DOS 与 U $5f$ 轨道电子 DOS 几乎没有重叠。图 4.41

(d)描绘了 L-B-P 中 UO_2(001)表面 U $6d$,$5f$ 轨道与 O $2p$ 轨道的 DOS。与图 4.41(c)相比,U $6d$,$5f$ 轨道电子与 O $2p$ 轨道电子在多个能量区间上出现了尖峰,这表明 U $6d$,$5f$ 轨道电子与 O $2p$ 轨道电子产生杂化作用,即 U 原子与 O 原子形成了共价键。因此,当 O_2 分子吸附在 UO_2(001)表面时,U $6d$ 轨道电子电荷转移至 O $2s$,$2p$ 轨道,而 U $5f$ 轨道电子电荷转移至 O $2p$ 轨道。

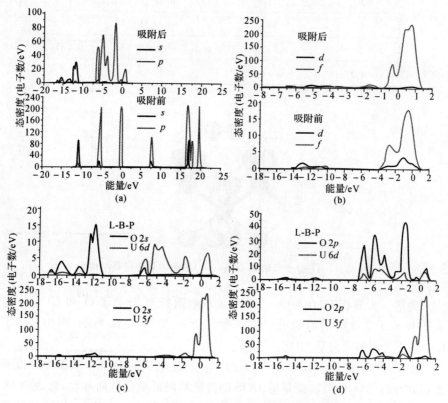

图 4.41 O_2 与 UO_2(001)表面 U 原子吸附前后的 DOS
(a)吸附前后 O.S.P 轨道 PPOS; (b)吸附前后 U df 轨道 PDOS;
(c)L-B-P 结构中 O $2s$ 和 U $6d$,$5f$ 轨道 PDOS; (d)L-B-P 结构中 O $2p$ 和 U $6d$,$5f$ 轨道 PDOS

2.CO_2 分子在 UO_2(001)表面的吸附行为

CO_2 分子与 O_2 分子的结构一样,都是直线形分子,但其吸附结构与 O_2 却有所不同。对 O_2 分子而言,平行吸附结构时,O_2 分子的中心位于 UO_2(001)表面吸附位置的正上方,而 CO_2 分子平行吸附结构时,中心 C 原子位于 UO_2

（001）表面吸附位置的正上方。对于不同吸附位置和吸附结构的最可能吸附高度，计算获得的 CO_2 - UO_2（001）系统能量见表 4.6。

表 4.6　CO_2 - UO_2（001）表面系统能量

几何结构	S - B - P				
h	0.267	0.268	0.269	0.270	0.271
E_{system}/eV	-18 039.979	-18 039.984	-18 039.987	-18 039.986	-18 039.984
几何结构	L - B - P				
h	0.272	0.273	0.274	0.275	0.276
E_{system}/eV	-18 045.089	-18 045.090	-18 045.091	-18 045.090	-18 045.089
几何结构	L - B - P				
h	0.293	0.294	0.295	0.296	0.297
E_{system}/eV	-18 045.197	-18 045.198	-18 045.236	-18 045.198	-18 045.197
几何结构	L - B - V				
h	0.322	0.323	0.324	0.325	0.326
E_{system}/eV	-18 045.076	-18 045.077	-18 045.078	-18 045.077	-18 045.076

对于表 4.6 中 4 个能量最低的构型，通过对这些构型的几何优化可以获得最稳定的吸附构型。计算获得的不同吸附构型中 CO_2 分子的几何构型参数、吸附能、键长、Mulliken 电荷见表 4.7。

表 4.7　CO_2 分子的吸附构型、吸附能、键长及 Mulliken 电荷

几何结构	$E_{adsorption}/(kJ/mol)$	d_{C-O}/nm		$Q/(e)$
S - B - P	5.67	0.125 9	0.125 9	-0.376
S - B - V	1.23	0.118 6	0.117 2	-0.077
L - B - P	3.42	0.118 9	0.118 0	-0.09 8
L - B - V	3.12	0.118 0	0.117 1	-0.046
自由 CO_2 分子	——	0.16		0

由表 4.7 可以看出：CO_2 在 UO_2（001）表面的最稳定吸附构型是 S - B - P，如图 4.42 所示。在几何优化后，UO_2（001）表面 U 原子的 Z 坐标减小

0.91%，X，Y 坐标基本没有发生变化，这表明 CO_2 分子吸附对 UO_2（001）表面原子位置的影响不大。CO_2 分子构型发生变化，O—C—O 键角由 180°变为 133.781°。为了进一步确定 CO_2 分子的位置变化，计算了 CO_2 分子在优化前后原子坐标的变化，见表 4.8 所示。表 4.8 中，ΔX，ΔY，ΔZ 表示 CO_2 分子的各个原子在优化前后的坐标的相对变化，原子编号如图 4.42 所示。由表 4.8 可以看出：U 原子与 CO_2 的相互作用使得 CO_2 分子结构发生了很大变化。

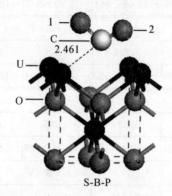

图 4.42　CO_2 吸附于 UO_2（001）表面的最稳定吸附构型

表 4.8　CO_2 分子的坐标变化

原子编号	$\Delta X/(\%)$	$\Delta Y/(\%)$	$\Delta Z/(\%)$
O_1	32.89	18.63	−6.9
O_2	−8.08	−18.69	−6.30
C	−0.008	−0.29	−13.93

　　为了更进一步分析 CO_2 分子与 UO_2（001）表面的作用过程，计算获得的 CO_2 分子和 UO_2（001）表面 U 原子的态密度如图 4.43 所示，吸附后的态密度采用了最稳定吸附构型 S-B-P。

　　图 4.43（a）描绘了 CO_2 吸附前后的 DOS。当吸附后，CO_2 的 $2s$，$2p$ 轨道电子 DOS 向低能量方向移动，这表明 CO_2 从衬底获得了电子，这与 Mulliken 电荷分析的结果一致。图 4.43（b）描绘了 U $6d$，$5f$ 轨道电子在吸附前后的 DOS，从图中可以看出：在吸附后，U $6d$ 轨道电子 DOS 的峰值由 44.78 减小到 9.38，峰面积明显减小，这表明 $6d$ 轨道失去电子。$6d$，$5f$ 能带形状发生显著变化，峰宽由 2.5 eV 变为 3 eV，说明 U 原子的 d，f 轨道与 CO_2 分子存在

较强的相互作用。图 4.43(c)~(f)描绘了 U 6d,5f 轨道电子与 CO_2 分子中 O,C 原子各个电子轨道的 DOS。从图中可以看出：U 6d 轨道电子与 C 2s,2p 轨道电子以及 O 原子 2s,2p 轨道电子发生明显的混合行为。U 5f 轨道电子 DOS 与 C 和 O 的 2p 轨道电子 DOS 存在明显的重叠现象，而与 2s 轨道电子 DOS 几乎没有重叠。因此，当 CO_2 分子吸附在 UO_2(001)表面时，U 6d,5f 轨道电子与 CO_2 分子中 2s,2p 轨道电子发生杂化行为，U 6d 轨道电子电荷转移至 CO_2 分子中 2s,2p 轨道，而 U 5f 轨道电子电荷转移至 CO_2 分子中 C 和 O 的 2p 轨道。

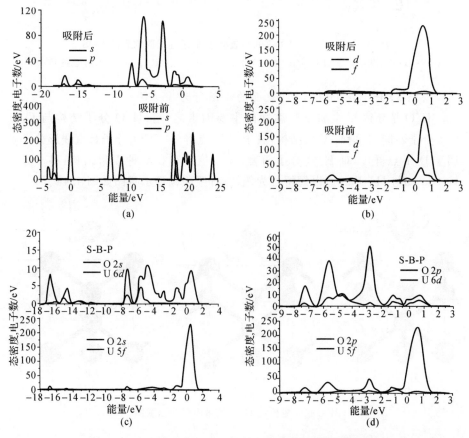

图 4.43　CO_2 与 UO_2(001)表面 U 原子在吸附前后的 DOS

(a)吸附前后 OSP 轨道 PDOS；　(b)吸附前后 Udf 轨道 PDOS；

(c)S-B-P 结构 O 2s 与 U 6d,5f 轨道 PDOS；　(d)S-B-P 结构中 O 2p 与 U 6d,5f 轨道 PDOS

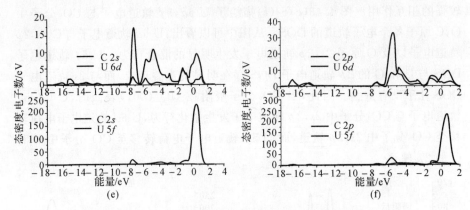

续图 4.43 CO_2 与 $UO_2(001)$ 表面 U 原子在吸附前后的 DOS

(e)S－B－P 结构中 C 2s 与 U 6d,5f 轨道 PDOS; (f)S－B－P C 2p 与 U 6d,5f 轨道 PDOS

3. H_2O 分子在 $UO_2(001)$ 表面的吸附行为

H_2O 是导致 U 金属材料腐蚀的主要因素之一。H_2O 分子结构与 O_2,CO_2 分子不同,为平面 V 形结构,属于 C_2V 点群(O_2,CO_2 分子是直线形分子,属于 $D_\infty h$ 点群)。对 H_2O 分子而言,每个位置存在三种吸附结构:H－up,H－down 与 H－Para。以短桥位为例,三种吸附构型示意图如图 4.44 所示。

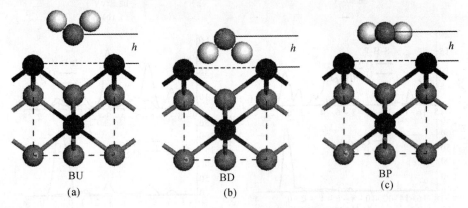

图 4.44 短桥位 H_2O 的吸附结构示意图

H_2O 的吸附高度定义为中心 O 原子与最近 U 原子平面之间的距离。通过能量最低原理寻找最优吸附高度 h,计算 H_2O－$UO_2(001)$ 系统的能量,计算获得的系统能量见表 4.9。

表 4.9　$H_2O-UO_2(001)$ 系统能量

几何结构	S－B－H－up				
h	0.258	0.259	0.26	0.261	0.262
E_{system}/eV	－14 992.638	－14 992.639	－14 992.640	－14 992.639	－14 992.638
几何结构	S－B－H－down				
h	0.346	0.347	0.348	0.349	0.35
E_{system}/eV	－14 992.279	－14 992.280	－14 992.436	－14 992.276	－14 992.274
几何结构	S－B－H－para				
h	0.265	0.266	0.267	0.268	0.269
E_{system}/eV	－14 992.996	－14 992.998	－14 993.000	－14 992.995	－14 992.994
几何结构	L－B－H－up				
h	0.291	0.292	0.293	0.294	0.295
E_{system}/eV	－14 992.522	－14 992.523	－14 992.569	－14 992.522	－14 992.520
几何结构	L－B－H－down				
h	0.296	0.297	0.298	0.299	0.3
E_{system}/eV	－14 992.281	－14 992.282	－14 992.283	－14 992.281	－14 992.281
几何结构	L－B－H－para				
h	0.323	0.324	0.325	0.326	0.327
E_{system}/eV	－14 992.919	－14 992.964	－14 992.975	－14 992.973	－14 992.971

由表 4.9 可以获得各个吸附位置时系统能量最低的构型,对这些构型进行优化即可获得最优的吸附构型。计算获得的 H_2O 分子在不同吸附位置的几何构型参数、吸附能、键长、Mulliken 电荷见表 4.10。

表 4.10　H_2O 分子的吸附构型、吸附能、键长及 Mulliken 电荷

几何结构	$E_{adsorption}/(kJ/mol)$	d_{H-O}/nm		二面角$\angle HOH°$	$Q/(e)$
S－B－H－u	2.49	0.100 3	0.100 3	105.124	－0.214
S－B－H－d	2.07	0.097 3	0.097 3	105.414	－0.12
S－B－H－p	4.64	0.099 5	0.101 1	104.332	－0.135
L－B－H－u	2.25	0.098 8	0.098 8	104.675	－0.156
L－B－H－d	2.81	0.098 0	0.098 0	103.819	－0.008
L－B－H－p	2.47	0.098 7	0.098 7	103.405	－0.068
自由 H_2O 分子	—	1		104.5	0

由表 4.10 可知,当 H_2O 平行吸附在 $UO_2(001)$ 表面的 Bridge 位置时,吸附能最大,系统最稳定,其结构如图 4.45 所示。由图 4.45 可以看出:在优化后,H_2O 分子受到 $UO_2(001)$ 表面 U 原子作用而发生偏转,与 $UO_2(001)$ 表面之间的二面角大约为 12.44°。

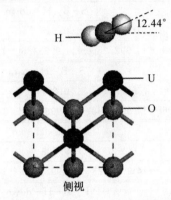

图 4.45 H_2O 吸附于 $UO_2(001)$ 表面的最稳定吸附构型

为了进一步分析 U 原子与 H_2O 之间的相互作用行为,计算了吸附前后 H_2O 与 U 原子的电子态密度,如图 4.46 所示。

由图 4.46(a) 可以看出:在吸附后,H_2O 的 s,p 轨道电子 DOS 的最高能量的特征峰向低能量方向移动,这表明 H_2O 在吸附后获得了电荷,这与 Mulliken 电荷分析的结果一致。图 4.46(b) 描绘了吸附前后 $UO_2(001)$ 表面 U $6d,5f$ 轨道电子的 DOS,从图中可以看出:吸附前后 U $5f$ 轨道电子的 DOS 形状发生明显的变化,在吸附后,费米能级附近 d 轨道电子的峰值由 44.607 7 减小到 27.645 2,峰面积明显减少,而 f 轨道电子的峰位由 0.650 5 eV 右移至 0.745 3 eV,这表明吸附后 U $6d,5f$ 轨道失去了电荷。

图 4.46(c) 描绘了 Bridge－Parallel 构型 H_2O 分子中 O $2s$ 轨道电子与 U $6d,5f$ 轨道电子的态密度。从图中可以看出:O $2s$ 轨道电子 DOS 与 U $6d$ 轨道电子 DOS 发生部分重叠,但重叠面积很小。O $2s$ 轨道电子 DOS 与 U $5f$ 轨道电子 DOS 不存在重叠现象,这表明少量 U $6d$ 轨道电子与 O $2s$ 轨道电子发生杂化行为。与图 4.46(c) 相比,图 4.46(d) 中 O $2p$ 轨道电子 DOS 和 U $6d,5f$ 轨道电子 DOS 发生明显的重叠行为,但 O $2p$ 轨道和 U $6d$ 轨道之间的重叠面积大于 O $2p$ 轨道和 $5f$ 轨道的重合面积,这表明 U $6d,5f$ 轨道电子与 O $2p$ 轨道电子之间发生杂化行为,且主要为 U $6d$,O $2p$ 轨道杂化。图 4.46(e) 描绘了 H $1s$ 轨道电子与 U $6d,5f$ 轨道电子的态密度。从图中可以

看出:U 原子和 H 原子形成了赝能隙,这表明 U 原子和 H 原子杂化成键。因此,U $6d$,$5f$ 轨道电子电荷主要转移至 H_2O 分子中 O $2p$ 轨道,只有少量 U $6d$ 轨道电子电荷转移至 H $1s$ 轨道。

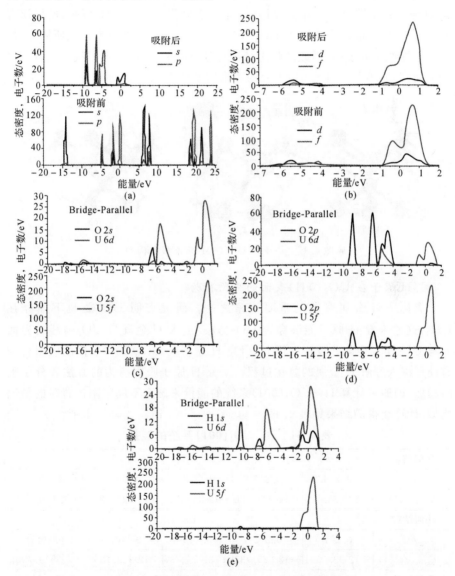

图 4.46　U 原子和 H_2O 中的 H,O 原子的 DOS

(a)吸附前后 O.S.P 轨道 PDOS；　(b)吸附前后 U df 轨道 PDOS；

(c)B－P 结构中 O $2s$ 与 U $6d$,$5f$ 轨道 PDOS；；　(d)B－P 结构中 O $2p$ 与 U $6d$,$5f$ 轨道 PDOS；

(e)B－P 结构中 H $1s$ 与 U $6d$,$5f$ 轨道 PDOS

4.3.6　原子在 $UO_2(001)$ 表面的化学吸附

气体分子在 U 金属表面吸附后,将会发生解离行为,并且解离后的原子与 U 原子发生键合。实际上,因为 U 金属表面都有一层 UO_2 薄膜,所以研究原子在 UO_2 表面的吸附行为有助于进一步理解 U 的腐蚀行为。众所周知,原子的对称性比分子高,因此其吸附结构比分子简单,只需要考虑吸附位置。对 UO_2 而言,原子在 $UO_2(001)$ 表面的吸附构型如图 4.47 所示。

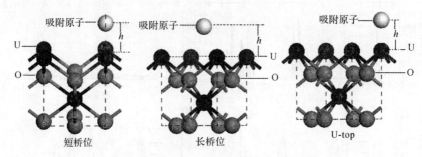

图 4.47　原子在 $UO_2(001)$ 表面吸附构型

1. H 原子在 $UO_2(001)$ 表面的吸附行为

氢化是 U 金属腐蚀的重要因素之一。研究表明 UO_2 薄膜下面存在 UH_3,这意味着 H 原子能够穿透 UO_2 薄膜,进入 U 金属与 UO_2 薄膜的界面而与 U 原子发生氢化反应。因此,研究 H 原子在 $UO_2(001)$ 表面的吸附行为有助于深入理解 U 金属的氢化过程。研究 H 原子吸附行为的方法和分子吸附相似,即通过计算 $H-UO_2(001)$ 系统的能量来确定不同吸附位置时的最优构型,计算获得的结果见表 4.11。

表 4.11　$H-UO_2(001)$ 系统的能量

几何结构	SB				
h	0.216	0.217	0.218	0.219	0.220
E_{system}/eV	$-12\,929.721$	$-12\,929.726$	$-12\,929.728$	$-12\,929.727$	$-12\,929.725$
几何结构	LB				
h	0.201	0.202	0.203	0.204	0.205
E_{system}/eV	$-12\,929.591$	$-12\,929.735$	$-12\,929.737$	$-12\,929.735$	$-12\,929.732$
几何结构	TOP				
h	0.251	0.252	0.253	0.254	0.255
E_{system}/eV	$-12\,928.123$	$-12\,928.131$	$-12\,928.134$	$-12\,928.131$	$-12\,928.125$

对表 4.11 中三种构型进行优化,优化后的构型即为 H 原子在该位置的实际吸附构型。计算获得的 H 原子吸附能和 Mulliken 电荷见表 4.12,吸附能最大的构型即为 H 原子在 UO_2(001)表面的最稳定吸附构型。由表 4.12 可知,H 原子在 UO_2(001)表面的最稳定构型是 SB,如图 4.48 所示。H 原子吸附后,UO_2(001)表面 U 原子的 Z 坐标减小了大约 2.2%,这表明 H 原子吸附对 UO_2(001)表面影响不大,H 原子与 U 原子的键长为 2.263Å。

表 4.12　H 原子的吸附能与 Mulliken 电荷

几何结构	SB	LB	TOP
$E_{adsorption}$/(kJ/mol)	12.49	12.31	11.87
Q/(e)	-0.266	-0.28	-0.246

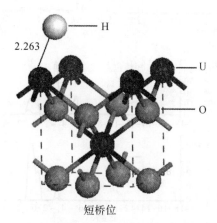

短桥位

图 4.48　H 原子吸附于 UO_2(001)表面的最稳定吸附构型

为了进一步分析 H 原子与 UO_2(001)表面的相互作用过程,本节计算了 H 原子和 UO_2(001)表面 U 原子在吸附前后的态密度,如图 4.49 所示。

图 4.49(a)描绘了 H 原子在吸附前后的 1s 轨道 DOS。从图中可以看出:在吸附后,H 原子的吸收峰向低能方向移动,这表明 H 原子在吸附后获得了电子,这与 Mulliken 电荷分析结果一致。图 4.49(b)描绘了 H 原子吸附前后 UO_2(001)表面 U $6d$,$5f$ 轨道电子 DOS。从图中可以看出:在吸附后,U $6d$ 轨道电子 DOS 的峰值由 44.79 变为 17.45,峰面积明显减小,这表明 $6d$ 轨道失去电子;$5f$ 轨道电子 DOS 峰形同样发生明显的变化,峰位由 0.65 eV 变为 0.79 eV,这表明 U $5f$ 轨道电子也参与了化学成键行为。图 4.49(c)描绘

了 H 吸附于短桥位置时 H $1s$ 轨道电子与 U $6d,5f$ 轨道电子的 DOS,从图中可以看出:H $1s$ 轨道电子 DOS 与 U $6d,5f$ 轨道电子 DOS 存在明显的重叠现象,这表明 U $6d,5f$ 轨道电子与 H $1s$ 轨道电子产生杂化行为,因此 U $6d,5f$ 轨道电子电荷转移至 H $1s$ 轨道。

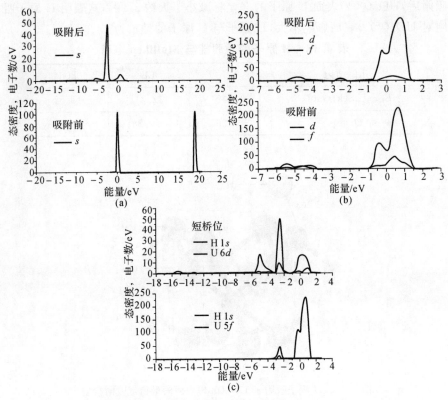

图 4.49 H 原子与 UO₂(001)表面 U 原子 DOS

(a)吸附前后 H $1s$ 轨道 PDOS; (b)吸附前后 U $d.f$ 轨道 PDOS;

(c)S-B 结构中 H $1s$ 与 U $6d,5f$ 轨道 PDOS

2.C 原子在 UO₂(001)表面的吸附行为

H 原子能够穿透 U 金属表面的 UO₂ 薄膜,与 U 原子发生化学成键行为,并最终生成 U 氢化物。研究结果表明,通过碳化处理的 U 金属的抗腐蚀性明显提高,这是因为 C 原子能够与 UO₂ 反应,并生成 U 碳化物所致。研究 C 原子在 UO₂(001)表面的吸附行为能够更好地理解 U 的腐蚀过程。C 原子吸附在 UO₂(001)表面的构型包含两个变量(或参数):吸附位置与吸附高度。对同一吸附位置而言,吸附高度不同,能量也不相同。根据能量最低原理可知,系统的能量越低,系统的结构越稳定。首先计算 C-UO$_2$(001)表面系统的能量,然后选择每个吸附位置能量最低的系统进行几何优化。

　　对每个吸附位置能量最低的系统进行几何优化,优化后的构型即为 C 原子吸附在该位置的最优构型,见表 4.13。计算获得的 C 原子在不同吸附位置的吸附能、Mulliken 电荷见表 4.14,其中吸附能最大的系统是 C 原子吸附在 UO$_2$(001)表面的最稳定吸附构型。由表 4.14 可知,C 原子在 UO$_2$(001)表面的最稳定吸附构型是 SB,如图 4.50 所示。

表 4.13　C-UO$_2$(001)系统的能量

几何结构	SB				
h	0.211	0.212	0.213	0.214	0.215
E_{system}/eV	−13 948.534	−13 948.541	−13 948.544	−13 948.541	−13 948.533
几何结构	LB				
h	0.194	0.195	0.196	0.197	0.198
E_{system}/eV	−13 948.311	−13 948.319	−13 948.324	−13 948.323	−13 948.319
几何结构	TOP				
h	0.243	0.244	0.245	0.246	0.247
E_{system}/eV	−13 946.958	−13 946.994	−13 947.010	−13 947.008	−13 946.990

表 4.14　C 原子的吸附能与 Mulliken 电荷

几何结构	SB	LB	TOP
$E_{adsorption}$/(kJ/mol)	22.87	21.43	17.17
Q/(e)	−0.384	−0.558	−0.057

　　在 C 原子吸附后,UO$_2$(001)表面会发生重构行为,表面 U 原子的 Z 坐标增加了 1.48%,这表明 C 原子吸附对 UO$_2$(001)表面的影响很小。为了分析 UO$_2$(001)表面与 C 原子之间的相互作用过程,计算获得的 C 原子与 UO$_2$(001)表面电子态密度如图 4.51 所示。

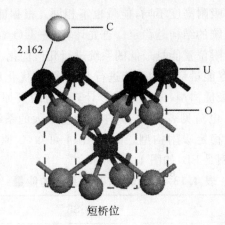

图 4.50　C 原子吸附于 $UO_2(001)$ 表面的最稳定吸附构型

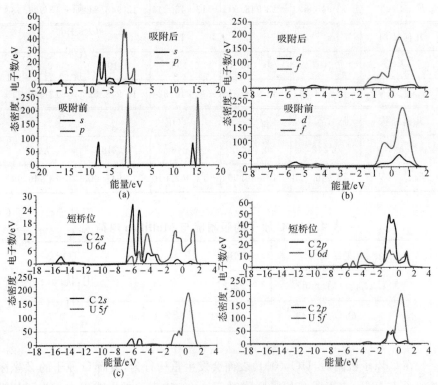

图 4.51　C 原子与 $UO_2(001)$ 表面 U 原子的 DOS

(a)吸附前后 C $2s$,$2p$ 轨道 PDOS；　(b)吸附前后 U $6d$,$5f$ 轨道 PDOS；

(c)S－B 结构中 C $2s$ 与 U $6d$,$5f$ 轨道 PDOS；　(d)S－B 结构中 C $2p$ 与 U $6d$,$5f$ 轨道 PDOS

图 4.51(a)描绘了 C 原子在吸附前后的 DOS。从图中可以看出：在吸附后，C $2s$，$2p$ 轨道电子 DOS 最高能量的特征峰向低能方向移动，且峰面积增大，这表明 C 原子在吸附后获得了电子，这与 Mulliken 电荷分析的结果一致。图 4.51(b)描绘了 U $6d$，$5f$ 轨道电子在吸附前后的 DOS。从图中可以看出：在吸附后，$6d$ 轨道电子 DOS 的峰值与峰面积都明显减小；f 轨道电子的峰位右移，峰值由 223.54 减小为 193.69，这表明在吸附后 U $6d$，$5f$ 轨道电子电荷减少，即两个轨道电子均参与化学成键行为。图 4.51(c)描绘了 U $6d$，$5f$ 轨道电子和 C $2s$ 轨道电子的 DOS，从图中可以看出：C $2s$ 轨道电子与 U $6d$ 轨道电子的 DOS 存在明显的重叠现象，而与 U $5f$ 轨道电子 DOS 几乎没有重叠。图 4.51(d)描绘了 U $6d$，$5f$ 轨道电子与 C $2p$ 轨道电子的 DOS，与图 4.51(c) 相比，C $2p$ 轨道电子 DOS 与 U $6d$，$5f$ 轨道电子 DOS 都存在明显的重叠现象，同时 C $2p$ 轨道电子与 U $6d$ 轨道电子形成了赝能隙，即在费米能级($E_F = 0$ eV)的两侧同时形成了尖峰，而两个峰之间的 DOS 并不为零。赝能隙反映了 U 原子和 C 原子之间成键的强弱，赝能隙越宽，表明两个原子之间的成键行为越强。综上所述，在吸附后，C 原子得到电子，U 原子失去电子。U 原子与 C 原子之间杂化成键，U $6d$ 轨道电子电荷转移至 C $2s$，$2p$ 轨道，而 U $5f$ 轨道电子电荷则转移至 C $2p$ 轨道。

3．O 原子在 UO_2(001)表面的吸附行为

对表面有 UO_2 钝化层的 U 金属而言，O 的扩散速度决定了 U 的腐蚀速度，O 原子在 UO_2 表面的吸附行为是扩散的前提，研究 O 原子在 UO_2 表面的吸附行为能够进一步深入理解 U 金属腐蚀和防护过程。首先计算距离 UO_2 表面不同高度的 O 原子吸附在不同位置时的总能量 E_{system}，能量最低时的吸附高度即为 O 原子的最可能吸附高度。

对表 4.15 中所得每个吸附位置能量最低的系统进行优化，优化后的结构就是 O 原子在该位置的最优吸附构型。优化后 O 原子的吸附能 $E_{adsorption}$ 与 Mulliken 电荷见表 4.16。吸附能最大的构型即为 O 原子在 UO_2(001)表面的最稳定吸附构型。由表 4.16 可知，O 原子在 UO_2(001)表面的最稳定吸附构型是 SB，如图 4.52 所示。在吸附后，UO_2(001)表面 U 原子 Z 坐标减小了 0.12%，这表明 O 原子吸附对 UO_2(001)表面结构基本没有影响。

表 4.15   O – UO$_2$(001)系统的能量

几何结构	SB				
h	0.213	0.214	0.215	0.216	0.217
E_{system}/eV	−14 963.590	−14 963.599	−14 963.602	−14 963.596	−14 963.583
几何结构	LB				
h	0.196	0.197	0.198	0.199	0.2
E_{system}/eV	−14 962.807	−14 962.813	−14 962.816	−14 962.814	−14 962.809
几何结构	TOP				
h	0.242	0.243	0.244	0.245	0.246
E_{system}/eV	−14 962.747	−14 962.796	−14 962.818	−14 962.815	−14 962.788

表 4.16   O 原子的吸附能与 Mulliken 电荷

几何结构	SB	LB	TOP
$E_{adsorption}$/(kJ/mol)	27.75	25.65	25.09
Q/(e)	−0.605	−0.594	−0.356

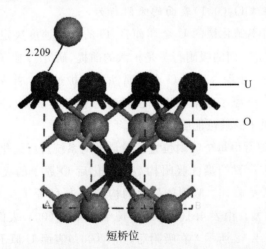

2.209

图 4.52   C 原子吸附于 UO$_2$(001)表面的最稳定吸附构型

为了进一步分析 O 原子与 UO$_2$(001)表面之间的相互作用,计算了 O 原子和 UO$_2$(001)表面 U 原子在吸附前后的电子态密度,如图 4.53 所示,吸附后的构型采用了图 4.52 中 SB 构型。

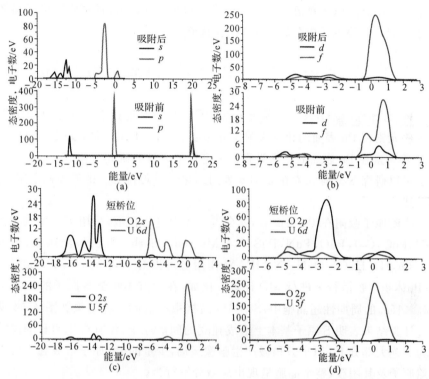

图 4.53　O 原子与 UO$_2$(001)表面 U 原子在吸附前后的 DOS
(a)吸附前后 O 2s,2p 轨道 PDOS;　(b)吸附前后 U 6d,5f 轨道 PDOS;
(c)S－B 结构中 O 2s 与 U 6d,5f 轨道 PDOS;　(d)S－B 结构中 O 2p 与 U 6d,5f 轨道 PDOS

图 4.53 描绘了 O 原子与 U 原子在吸附前后的 DOS。图 4.53(a)描绘了 O 原子在吸附前后的 DOS。从图中可以发现:在吸附后,O 原子的 DOS 的最高能量的吸收峰向低能量方向移动,并且峰面积增大,这表明 O 原子在吸附后得到了电子。图 4.53(b)描绘了 U 6d,5f 轨道电子在吸附前后的 DOS。从图中可以看出:在吸附后,U 5f 轨道电子 DOS 的峰形发生明显变化,费米能级两侧的两个尖峰变为一个;6d 轨道电子 DOS 的峰值与峰面积明显变小,这表明 6d 轨道失去电子。图 4.53(c)描绘了 U 6d,5f 轨道电子与 O 2s 轨道电子的 DOS,从图中可以看出:O 2s 轨道电子 DOS 与 U 6d 轨道电子 DOS 之间的重叠面积很小,而 2s 轨道电子 DOS 与 5f 轨道电子 DOS 不存在重叠现

象。图 4.53(d)描绘了 O $2p$ 轨道电子与 U $6d,5f$ 轨道电子的 DOS,与图 4.53(c)相比,U $6d,5f$ 轨道电子 DOS 与 O $2p$ 轨道电子 DOS 之间的重叠明显增大。因此,U $6d$ 轨道电子电荷转移至 O $2s,2p$ 轨道,且主要转移至 O $2p$ 轨道,而 $5f$ 轨道电子电荷转移至 O $2p$ 轨道。

4.4　吸附原子在 Pu 基体内的扩散行为

Pu 与环境中 H,O,C,N 等元素之间的反应都是通过表面进行的,因此研究这些元素在 Pu 表面的化学吸附十分必要。目前,Huda 和 Ray 等对 H,O,C,N 等元素在 Pu 表面的化学吸附行为进行了大量的研究工作。采用相似的方法可以研究 S,P 等元素在 δ-Pu 表面的化学吸附行为。由于篇幅所限,此不赘述。

吸附原子吸附在 Pu 表面后,就会进入体内进行扩散,采用第 2 章构建的 PuH,PuC(C_2),PuO,PuN,PuS(S_2) Murrell-Sorbie 解析势能函数,以及 Pu-Pu,H-H,O-O,N-N MEAM 作用势可以对 H,C,N,O,S 等元素在 δ-Pu 体积内扩散行为进行 MD 计算。比如,在含有 100 个 S 原子的 $15a_0 \times 15a_0 \times 15a_0$ 的周期性超晶胞中,S 在 Pu 晶格中扩散的计算结果如图 4.54 所示。计算结果表明 S 原子基本上形成独立的间隙原子,没有产生明显的团簇行为。绝大部分 Pu 原子只稍微产生驰豫运动,少量的 Pu 原子形成独立的自间隙原子及其团簇,整个晶胞呈现出局域分解行为。

图 4.54　S 原子在 $15a_0 \times 15a_0 \times 15a_0 \delta$ 相周期性 Pu 超晶胞中扩散行为的计算结果

(黑球和灰球表示 Pu 原子和 S 原子。视角沿着<100>方向)

4.5　吸附产物电子结构的第一性原理计算

如上所述,吸附原子将在 Pu 金属体内进行扩散,并最终与 Pu 原子形成化合物。本节将在 PuH_2,PuH_3,PuC,PuN,PuO,$\beta - Pu_2O_3$(下面简写为 Pu_2O_3),PuO_2 和 PuS 实验晶格参数下进行 DFT 计算,Pu 化合物晶格参数见表 4.17。

表 4.17　Pu 化合物的晶格参数

化合物	对称性	空间群	晶格参数	
			a/nm	c/nm
PuH_2	立方	Fm3m	0.535 9	
PuH_3	六方	$P6_3$/mmc	0.378	0.676
PuC	立方	Fm3m	0.495 8	
PuN	立方	Fm3m	0.490 75	
PuO	立方	Fm3m	0.496	
Pu_2O_3	六方	$P\overline{3}m1$	0.384 1	0.595 8
PuO_2	立方	Fm3m	0.539 6	
PuS	立方	Fm3m	0.5536	

4.5.1　PuH_2 和 PuH_3 化合物的电子结构

PuH_2 和 PuH_3 的 Pu $6d$,Pu $5f$ 和 H $1s$ PDOS 的 LDA+U 计算结果如图 4.55 和图 4.56 所示。从图中可以看出,在 $-7.5\sim12.5$ eV 的能量范围内,Pu $6d$ 状态,Pu $5f$ 状态和 H 1s 状态发生明显的杂化和混合效应。在 $5f$ 电子 PDOS 的 Fermi 能级附近出现了尖峰,表明存在一些局域 $5f$ 电子。实际上,对于 Pu 金属而言,Huda 等认为 $5f$ 电子是价电子,对于杂化和氧化过程而言,Pu 的 $5f$ 电子处于局域状态(可视为原子实电子)。因此,Pu 的化合价行为由 $6d$ 电子支配,并且与配位化合价电子或共价电子产生明显的杂化行为。

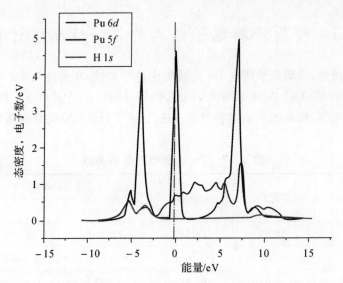

图 4.55　PuH_2中 Pu 6d(灰线)，Pu 5f(黑线)和 H 1s(浅灰线)的 PDOS

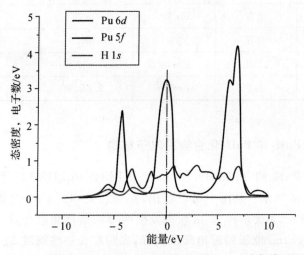

图 4.56　PuH_3中 Pu 6d(灰线)，Pu 5f(黑线)和 H 1s(浅灰线)的 PDOS

　　为了进一步描述 Pu 化合物中 Pu 原子和化合原子 A 之间相互作用的特性，本节计算了差分电荷密度，这将提供由于电荷重新分布而形成的化学键特性。差分电荷密度 $\Delta n(r)$ 定义为

$$\Delta n(r) = n(Pu_x A_y) - x n(Pu) - y n(A) \tag{4.3}$$

式中，$n(Pu_x A_y)$ 是 $Pu_x A_y$ 固体的总电荷密度；$n(Pu)$ 是 Pu 原子的总电荷密度；$n(A)$ 是 A 原子的总电荷密度。

　　PuH_2 和 PuH_3 的差分电荷密度如图 4.57 和图 4.58 所示。从图 4.57 可以看出，Pu 和 H 原子附近的电荷几乎为 0，说明 PuH_2 中 Pu 和 H 原子既不失去电荷，也没有获得电荷，这个现象服从金属材料的特性，即 PuH_2 是金属（电子在整个固体中运动）。

图 4.57　PuH_2 的差分电荷密度图

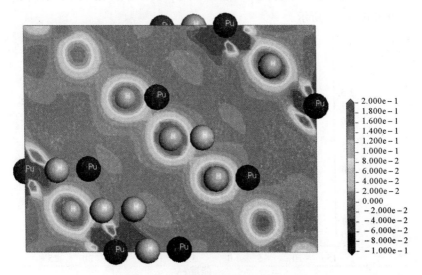

图 4.58　PuH_3 的差分电荷密度图

从图 4.58 可以看出，PuH_3 中 H 原子附近累积大量的电荷，而 Pu 原子明显失去电荷，这表明电荷从 Pu 原子传递给 H 原子，所以 Pu – H 化学键本质上是离子性。除了电荷损耗的区域以外，在 Pu 附近存在电荷获取的小区域，可以将其归咎于共价成键对离子成键的贡献。实际上当 H 浓度增加时，氢化物从 PuH_2 时的金属材料转变为 PuH_3 时的半导体。随着氢化物 H 浓度的增加，电子明显从导带上消失，H^- 束缚在八面体间隙位置。

4.5.2　PuC 和 PuN 化合物的电子结构

在 Pu 的一碳化物和一氮化物研究方面，Gouder 等采用 X 射线光电子谱仪（XPS）和高分辨率共价带谱仪（UPS）获得了 Pu – C 化合物的光电子谱。Ray 等在 DFT 中的广义梯度近似（GGA）下，采用全势全电子线性缀加平面波和局域轨道方法（FP – LAPW＋lo），以及 Perdew – Burke – Ernzerhof 交换-相关泛函方法系统研究了 PuN 的结构，电子和磁性性质。Petit 等采用自相互作用修正局域自旋密度近似（SIC – LSD）研究发现局域 $5f^3$ 构型（其余的 $5f$ 状态形成能带）是 PuN 的最可能基态。Sedmidubský 等在 GGA 下，采用全势线性缀加平面波＋局域轨道基组（FP – LAPW＋lo）计算了锕系一氮化物的形成焓。

PuC 和 PuN 的 Pu $6d$，Pu $5f$ 和 C(N) $2p$ PDOS 的 LDA＋U 计算结果如图 4.59 和图 4.60 所示。

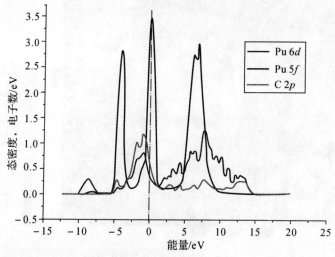

图 4.59　PuC 中 Pu $6d$（灰线），Pu $5f$（黑线）和 C $2p$（浅灰线）的 PDOS

从图 4.59 可知,Pu 5f,6d 状态与宽 C 2p 带强烈杂化,离域 5f 状态填充 Fermi 能级下方的窄峰。与纯 δ－Pu 5f 状态相比,Fermi 能级上局域 5f 状态稍微减少,表明部分 5f 状态参与了化学成键过程。同时 Pu 5f,6d 状态与 C 2p 带之间的杂化导致 Fermi 能级更接近于 p 能带。从图 4.59 和图 4.60 可以看出,PuC 中 Pu(5f)－C(2p)状态之间的杂化效应比 PuN 中 Pu(5f)－N (2p)状态之间的杂化效应更加强烈。

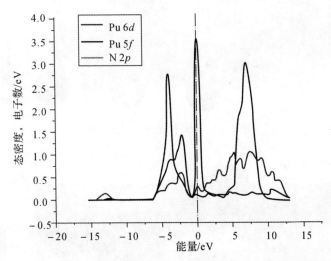

图 4.60　PuN 中 Pu 6d(灰线),Pu 5f(黑线)和 N 2p(浅灰线)的
PDOS。Fermi 能级(虚线)位于 0 eV

PuC 和 PuN 的差分电荷密度如图 4.61 和图 4.62 所示。从图 4.61 可以看出,Pu 和 C 原子附近都累积一定的电荷,甚至在 Pu 局部区域(如图 4.61 中红色区域所示)出现高浓度的电荷分布,这意味着 Pu 原子和 C 原子共享电荷,即 PuC 化学键具有共价行为。从图 4.62 可以看出,在 PuN 中,由于 N 原子不断增加的电负性,N 原子附近累积大部分电荷,而 Pu 原子明显损耗电荷,这意味着有电荷从 Pu 原子上传递到 N 原子上,表明 Pu－N 化学键本质上是离子性的。与 PuC 中更加共价成键行为相比,PuN 中化学键更加具有离子性,这与 Petit 等研究结果一致。

图 4.61　PuC 的差分电荷密度图

图 4.62　PuN 的差分电荷密度图

4.5.3　PuO,Pu₂O₃ 和 PuO₂ 化合物的电子结构

PuO,Pu_2O_3 和 PuO_2 的 Pu $6d$,Pu $5f$ 和 O 2p PDOS 的 LDA$+U$ 计算结

果如图 4.63 至图 4.65 所示。从图中可以看出,在 Pu 的 $6d$ 状态和 O 的 $2p$ 状态中同样观察到明显的杂化现象,同时夹杂着 Pu 的 $5f$ 状态。随着 $PuO_{1+x}(PuO, Pu_2O_3$ 和 PuO_2 的 x 分别是 $0, 0.5$ 和 1.0)中氧原子含量 x 的增加,Fermi 能级上 $5f$ 状态逐渐减少,这个现象表明出现一些 $5f$ 离域电子,即 $5f$ 状态参与化学成键过程。

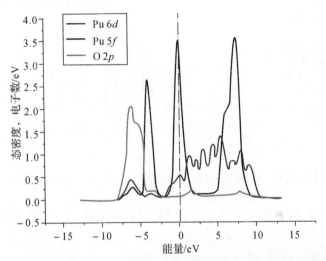

图 4.63　PuO 中 Pu $6d$(灰线),Pu $5f$(黑线)和 O $2p$(浅灰线)的 PDOS

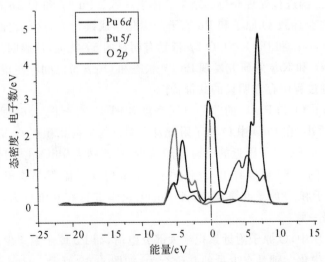

图 4.64　Pu_2O_3 中 Pu $6d$(灰线),Pu $5f$(黑线)和 O $2p$(浅灰线)的 PDOS

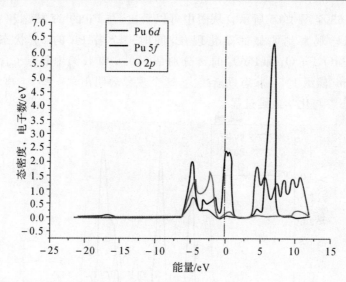

图 4.65 PuO_2 中 Pu $6d$(灰线),Pu $5f$(黑线)和 O $2p$(浅灰线)的 PDOS

O $2p$ 能带从 PuO 的 $-8.0 \sim -3$ eV 向右移动到 Pu_2O_3 的 $-7.5 \sim -2$ eV 和 PuO_2 的 $-6.25 \sim -1.0$ eV。PuO_2 中 Pu $5f$ 轨道与 O $2p$ 轨道之间产生明显的杂化和混合效应,这与 Prodan 等计算结果一致,以及与 Jollet 等采用投影缀加波(PAW)处理原子球内部的强关联电子,对相关电子采用 PBE0 杂化交换-相关泛函进行处理获得的结果总体上一致。Pu $5f$ 和 O $2p$ 轨道之间的杂化行为将会导致 O 原子和 Pu 原子产生化学成键行为,这与之前研究结果一致。在 Pu_2O_3 和 PuO_2 中,O $2p$ 带具有明显的 $5f$ 特征,这表明具有共价成键行为。Wu 和 Ray 等研究发现 Pu $5f$ 状态和 O $2p$ 带之间存在很大的重叠,在化学成键过程中存在明显的共价特性。

PuO,Pu_2O_3 和 PuO_2 的差分电荷密度如图 4.66 至图 4.68 所示。从图 4.66 可以看出,在 PuO 中 O 原子附近发生明显的电荷累积现象,沿着 Pu-O 键从 O 到 Pu,Pu 原子附近的电荷逐渐减少,这意味着 PuO 化学键具有离子性行为。从图 4.67 可以看出,Pu_2O_3 中 Pu 和 O 原子附近都累积电荷,这意味着 Pu 原子和 O 原子共享电荷,即 Pu_2O_3 化学键具有共价行为,这与 Burn 等研究结果一致。

在 PuO_2 中,O 原子附近累积绝大部分电荷,而 Pu 原子聚集少量电荷,这表明 PuO_2 中化学键具有少量的共价行为,如图 4.68 所示。Huda 等研究发现导带基本上由 Pu $6d$,$7s$ 电子组成,这表明 PuO_2 具有半导体行为。Petit 等人采用自相互作用修正局域自旋密度(SIC - LSD)方法研究发现在 PuO_2 化合物中,Pu 为 Pu(Ⅳ)氧化状态(对应于局域的 $5f^4$ 壳层)。如果 O 位于八面体间隙位置,所有 O 原子附近的 Pu 原子通过将电子转移至 O 原子上而变为 Pu(Ⅴ)氧化状态。

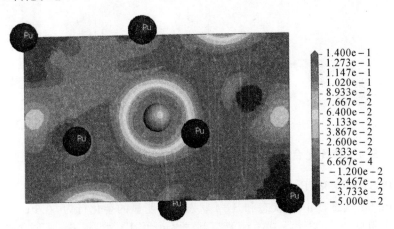

图 4.66 PuO 的差分电荷密度图图

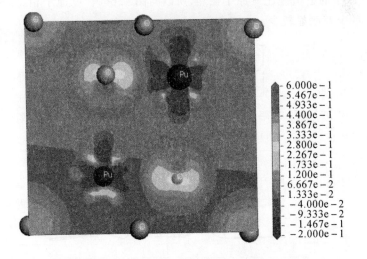

图 4.67 Pu_2O_3 的差分电荷密度图

图 4.68　PuO$_2$ 的差分电荷密度图

4.5.4　PuS 化合物的电子结构

　　PuS 的 Pu 6d,Pu 5f 和 S 3p PDOS 的 LDA+U 计算结果如图 4.69 所示。Pu 6d 状态,Pu 5f 状态和 S 3p 状态发生明显的杂化行为,在 Fermi 能级处存在明显的 5f 状态。PuS 的差分电荷密度如图 4.70 所示。S 原子附近累积大部分电荷,而 Pu 原子明显损耗电荷,这表明 Pu - S 化学键具有离子性。由于 O 原子的电负性比 S 原子强烈,所以与图 4.66 中 O 原子相比,S 原子附近累积的电荷明显较少。

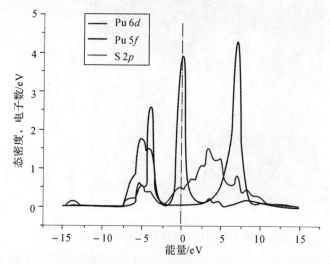

图 4.69　PuS 中 Pu 6d(灰线),Pu 5f(黑线)和 S 3p(浅灰线)的 PDOS

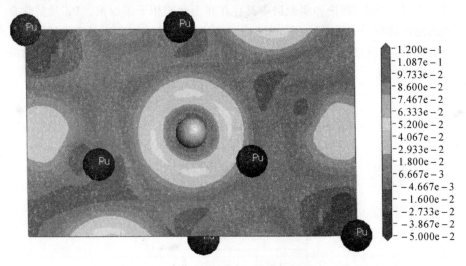

图 4.70　PuS 的差分电荷密度图

4.6　锕系金属和化合物电子结构的 LDA＋DMFT计算

4.6.1　密度泛函理论＋动力学平均场理论(DFT＋DMFT)

DFT＋DMFT 方法是最近提出的一种第一性原理计算方法,特别适合于具有强关联电子的真实材料电子结构计算,比如过渡金属及其氧化物、镧系和锕系元素等。该方法既考虑了传统能带结构计算方法 DFT 近似的优点,又结合了现代多体物理方法 DMFT 的优势。近年来研究结果表明,DFT＋DMFT方法是研究强关联电子体系的强大技术手段,这是传统第一性原理电子结构计算方法无法比拟的。该方法的特点是:采用 DFT(LDA,GGA,FPLAPW 等)描述 Hamiltonian 量中弱电子关联部分,即 s, p 轨道电子,以及 d, f 轨道电子的长程相互作用,而使用 DMFT 方法描述 d, f 电子中局域 Coulomb 相互作用产生的强关联效应。

DMFT 能够成功地描述锕系材料,比如,δ-Pu 声子谱的理论预测结果被随后的非弹性 X 射线衍射测量结果所验证,考虑到计算中采用的近似方法,以及通过少量 Ga 元素的稳定 δ-Pu,计算结果和实验数据是相当一致的。δ-Pu光电子发射谱(PES)的理论结果同样与实验数据一致,如图 4.71 所示。

从图中可以看出,理论和实验谱中都存在相干和非相干谱权重。Pu 及其化合物表现出准粒子多重谱线(低能准粒子峰位置伴随结构),这是 Pu 多重化合价的特征,目前已经解释了准粒子多重谱线的物理本质及其与 Pu 化合物混合化合价之间的关系。

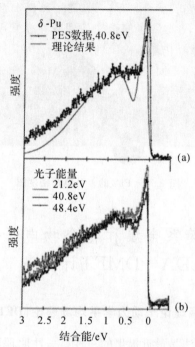

图 4.71　δ-Pu 的实验和理论光电子发射谱 PES
(a)实验值是光子能量为 40.8 eV 获得的(蓝色),理论谱显示为实线;
(b)显示了实验谱随着光子能量的演化过程,
下部采用的光子能量分别为 21.2 eV,40.8 eV 和 48.4 e V

DFT+DMFT 方法重现了接近于 E_F 的峰,0.5 eV 和 2.0 eV 结合能之间的较宽特征,以及这两个特征之间的谷底。E_F 位置的峰是杂化 5f-6d 电子状态产生。在理论谱中,0.5 eV 结合能位置的倾斜比实验现象更加明显,这可能是由于散射电子本底产生的。与实验结果相比,E_F 位置的峰稍微移向较高的结合能(50 meV),这种差别在计算方法的误差范围内。当改变光子能量时,E_F 位置的峰由杂化 5f 和价带状态构成,这与实验数据一致。随着光子能量的增加,5f 状态的截面将会增加,6d 状态的截面降低。在实验谱中,包含 6d 特征的任何特性将降低 5f 状态的权重,在实验数据中,Fermi 能级位置的峰确实出现这个现象,完全基于局域电子状态的分析方法无法描述这个行为。

　　非自旋极化能带计算结果重现了 E_F 位置的实验峰,但是无法描述 0.5 eV 结合能的特征。反铁磁构型或者无序局域磁矩构型的自旋极化计算方法改进了与实验 PES 之间的一致性。基于 LDA+U 近似的计算方法获得了 1.5 eV 结合能位置的宽峰,这与实验结果不一致。最后,DMFT 谱在 E_F 位置存在宽度大约为 1.0 eV 的峰,在较高的结合能位置存在非常小的谱特征,这个结果与实验结果之间的一致性仍然是有限的。

　　同时,由于在 DFT+DMFT 方法中引入 Matsubara 频率(与温度相关),所以可以考虑温度对电子、物理和力学性质的影响,比如 232 K 时 Pu 氮化物(PuN)态密度、5f 电子占据数和动量分解电子谱函数如图 4.72 至图 4.74 所示。

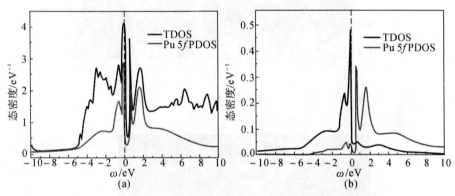

图 4.72　PuN 的 LDA+DMFT 计算结果

(a)PuN 总态密度(TDOS)、Pu 5f (PDOS)；　(b)Pu 5f 5/2,7/2 (PDOS)

　　如图 4.72(a)所示,Fermi 能级附近出现一个尖峰,这表明 PuN 是一种金属,这与 Wen 等 HSE 和 PBE+U 计算结果一致,该峰主要来自 Pu 5f 5/2 的贡献,而 0.6eV 和 1.6eV 结合能位置的峰主要来自 Pu 5f 7/2 状态。这个 DOS 表明 Fermi 表面附近 5/2 和 7/2 分量具有不同的贡献,而主要贡献来自 5/2 状态,而且,Fermi 能级附近出现一个赝带隙(见图 4.72(b))。实际上,Fermi 能级附近的两个尖峰可以视为相干准粒子峰,而两个宽峰主要来自类原子特征,即下方和上方 Hubbard 能带。除了 Pu 5f 状态以外,在高能价带和导带中(即 $-5.0\sim0.0$ eV 和 $2.5\sim10.0$ eV 能量范围内),N 2p 状态在总 DOS 中同样占有重要的作用,这意味着 Pu 5f 状态与 N 2p 状态强烈地杂化/混合。Pu 5f 5/2 和 7/2 PDOS(见图 4.72(b))是由杂质 Green 函数的虚部除

以 $-\pi$ 获得的,通过 muffin-tin 球内部归一化投影子计算 Green 函数(谱的积分等于 1),而 Pu $5f$ 状态谱函数的积分是通过非归一化投影子计算的,所以 5/2 和 7/2 Green 函数计算获得的 PDOS 加和不等于 Pu $5f$ PDOS。

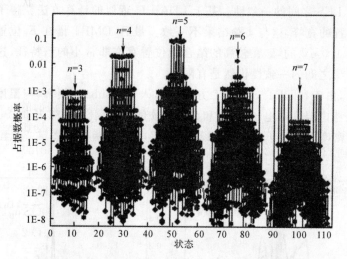

图 4.73　PuN $5f^n$ 构型($n=3\sim7$)$5f$ 电子占据数概率

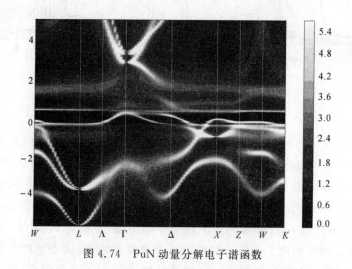

图 4.74　PuN 动量分解电子谱函数

通过 $5f^n$($n=3\sim7$)电子构型计算结果可知,占据数 $n=5$ 的概率为 0.635 426 501,远高于其他占据数 $n=3$(0.012 9)、$n=4$(0.254)、$n=6$(0.094 511 52)和 $n=7$(0.003 025 253),如图 4.73 所示。因此,PuN 中 $5f$

电子占据数为 4.823,这与 Havela 等 Pu 反应溅射实验研究结果一致,而与之前 Petit 等自相互作用修正局域自旋密度近似(SIC - LSDA)计算结果(获得 PuN 基态是 $5f^3$ 构型)不同。从图 4.74 中可以看出,Fermi 能级附近及其上方 0.6 eV 位置存在平的明亮区域,这对应于 Pu $5f$ $5/2$ 和 $7/2$ 状态的准粒子峰,并且与图 4.72(b)一致。

4.7　小　　结

本章研究了 H,C,N 和 O 等元素在锕系金属和化合物表面的化学吸附和体内的扩散行为,通过对表面腐蚀行为的研究发现锕系金属及其化合物必须保存在密封的干燥容器中。比如,由于 Pu 氢化物可能引起催化反应,因此容器中不能存在含氢材料。CO,N_2 的存在能够有效地抑制腐蚀速率,所以可将 Pu 材料储存在 CO 或者 N_2 环境中。此外,采用密度泛函理论方法研究了 PuH_2,PuH_3,PuC,PuN,PuO,$\beta - Pu_2O_3$,PuO_2 和 PuS 的 PDOS 和差分电荷密度,通过 PDOS 分析了 Pu $5f$,$6d$ 状态和 H $1s$,C $2p$,N $2p$、O $2p$ 和 S $3p$ 状态之间的杂化和混合效应,通过差分电荷密度图研究了 Pu 原子与化合物原子之间的化学成键行为。计算结果表明 PuH_2 具有金属特性,PuH_3 中 Pu - H 化学键本质上是离子性的,PuC 化学键具有共价行为,PuO,PuN 和 PuS 化学键具有离子性行为,$\beta - Pu_2O_3$ 和 PuO_2 中 Pu - O 化学键具有共价行为,并与其他研究结果进行了比对。最后,使用目前最精确的 DFT+DMFT 方法研究了 $\delta - Pu$ 和 Pu 化合物的电子结构,计算结果与实验数据一致。总之,通过 DFT+DMFT 方法可以描述具有开放电子壳层(比如 $\delta - Pu$ 中 $5f$ 电子)的强关联体系电子结构,该理论方法很好地重现了 $\delta - Pu$ 的实验光电子发射谱 PES,而之前计算方法无法重现这个谱。DMFT 理论方法考虑了 $5f^4$ 单态中多体自旋和轨道耦合效应的重要性,而自旋配对能是最重要的(Hund 第一定则)。考虑自旋极化效应的电子结构方法确实考虑了一些相互作用,所以基于这个方法的理论谱重现了 $\delta - Pu$ 的一些实验特征。然而,DFT+DMFT 计算非常耗时,并且随着研究体系复杂程度的增加而增加。目前的 DMFT 计算主要局限于一些晶体结构对称性较高的锕系体系,很少开展复杂晶体结构的锕系材料计算。最近,研究人员已经成功地将 FP - LAPW+DMFT 方法应用于具有复杂晶体结构的单斜 $\alpha - Pu$ 研究。

第5章 合金性质的第一性原理计算

5.1 引　言

Pu 在核能源和武器应用中具有重要的意义,从力学和物理性质角度考虑,Pu 可能是最复杂的元素。尤其是,高温 fcc δ 相 Pu 引起极大的兴趣,这不仅是因为 δ 相 Pu 比脆性基态单斜 α 相更加具有延展性和更加有用,而且具有异常性质。比如,δ 相 Pu 具有负热膨胀系数,极高的弹性各向异性,通过添加少量元素(比如 Ga,Al,In,Tl,Sc,Ce 或者 Am)可以使其在较低温度条件下稳定。δ 相 Pu 随着温度、压强、合金化和时间(放射性衰变)的变化是不稳定的。

许多未解决的科学问题与 Pu 及其合金的异常相和物理性质相关。Pu 的相图是复杂的:在环境压强条件下,Pu 包含 6 个结晶相(具有不同的化学反应性),相对于温度、压强和时间具有不同的稳定性,同时具有明显不同的物理性质。比如,α-Pu(单斜)是具有最高热膨胀系数的金属,而 δ-Pu(fcc)表现出相反的特征,即具有负热膨胀系数。同样地,δ-Pu 的非磁基态与大多数理论计算结果不同,同时与 Fermi 能级附近很高的态密度不一致,后者与产生磁矩的局域状态一致。Pu 的许多异常性质在一定程度上传递至 Pu 合金。虽然 Ga 的相图(在各种压强条件下表现出 5 个固相)比 Pu 简单,但是当 Pu 与 Ga 形成合金时,将会形成许多许多金属间化合物:在环境压强条件下出现 21 个相。

因为 δ-Pu 是强关联电子系统,通过其他相 Pu(比如 α-Pu)和密度泛函理论已经获得电子性质的相邻元素(比如 Am)的简单插值无法获得其电子结构,所以寻找影响 Pu 基态性质的因素很困难。当 f 状态视为离域状态时,α-Pu 原子体积的预测结果与测量结果非常一致,但是相同方法应用于 δ-Pu 将原子体积高估 30%。

实际上,离域电子表示金属成键电子在一定程度上参与金属(离域)成键过程的电子,离域电子占据相当分散的电子能带,因此不可能表现出磁性有序行为。轻锕系(Th-Np)中 5f 电子视为离域状态。离域成键行为与小带隙半导体或者半金属材料(其中电子参与共价或者弱金属键,与纯金属情况相比,这些电子更加局域)中成键行为相反。锕系文献中同样广泛采用的是局域项表示非成键或者化学惰性电子,实际上约束于特定晶格位置。在典型情况下,局域电子在低温条件下表现出磁性有序行为,常常具有较高的关联能,占据相当平坦的电子能带。较重锕系元素中 $5f$ 电子(Am–Cf)视为局域状态。局域电子不参与成键过程,因此与相对约束化学键(比如共价键,其特征介于离域和局域状态之间,即半局域状态)中电子不同。

Pu 表现出的性质介于离域和局域之间。锕系原子体积和体积模量的测量值验证了这个观点。这两个物理量量度成键强度,体积模量是直接量度,原子体积服从倒数关系。原子体积从 Am(大约 $30Å^3$/atom)稍微降至 Cf(大约 $27Å^3$/atom),这与众所周知的镧系收缩行为相似,相应的体积模量仍然很小:大约为 25~50 GPa,这表明相当弱的成键行为。这些特定的锕系元素同样常常表现出局域磁矩,常常视为局域状态。与之相反的是,当所有价电子都参与成键行为时,轻锕系元素没有表现出局域磁矩。轻锕系元素的原子体积和体积模量更加强烈地依赖于核电荷:Th($\sim 33Å^3$/atom,~ 60 GPa),Np($\sim 19Å^3$/atom,~ 120 GPa)。这些特征源自不断增加的离域行为。Pu 位于这两组元素之间($\sim 20Å^3$/atom,~ 30 GPa)。Pu 的异常物理性质可能归咎于离域和局域状态的混合或者竞争。这种平衡关系依赖于温度、压强、合金化和原子配位数。如下所述,一些半局域电子共价成键,这可能解释任何其他金属没有观察到的低对称性晶体结构:α–Pu 和 β–Pu 的单斜晶体结构,但是在共价化合物中这些单斜晶体结构相当普遍,其中化学键弯曲阻力超过化学键拉伸阻力。

目前普遍认为,Pu 金属的许多异常物理性质(比如多同素异形体形式(α,$\beta,\gamma,\delta,\delta'$ 和 ε),$\alpha \rightarrow \delta$ 转变时明显的体积增加现象(大约 24%),δ–Pu 的负热膨胀行为,低熔点(大约 913 K)等)是由于 Pu 在元素周期表中特殊位置引起的。对于锕系序列中逐渐填充的 $5f$ 亚壳层,Pu 位于具有离域 $5f$ 电子的轻锕系(Th–Np)和具有局域 $5f$ 电子的重锕系(Am–Lr)之间的边界位置。换句话说,在 Pu 相图中发生 $5f$ 电子从离域向局域转变过程,从而导致大量的同素异形体形式。

在所有这些相中,冶金研究团队对 δ–Pu 产生了极大的兴趣,这是因为其具有高延展性,使其易于加工和成型。物理学家同样对这个相最感兴趣,这是因为其 $5f$ 电子表现出介于离域和局域之间的行为。δ–Pu 在 593 K 和 736 K 之间稳定,但是通过添加少量合金元素(所谓的 δ 稳定元素)可使其在较低的温度条件下稳定。在这些所谓的 δ 稳定元素中(即 Al,Ga,Zn,Zr,Sc,In,Tl,

Am 和 Ce),只有 4 个元素(Ga,Al,Ce 和 Am)能够使其在室温及其以下温度条件下稳定。这 4 个稳定元素可以分成两组:原子半径小于 δ-Pu 原子(Ga 和 Al);原子半径大于 δ-Pu 原子(Ce 和 Am)。Pu-Ga 和 Pu-Al 系统的大量实验和理论研究结果表明 Ga(Al)原子通过ⅢB 金属 $4p(3p)$ 状态与 Pu 5f 状态之间的杂化作用而稳定 δ-Pu,从而导致 Pu 5f 电子的离域化。这个离域行为可以认为是,由于 δ-Pu 半径的减少,与 Vegard 法则存在负偏差而产生的行为。

另一方面,对 Pu-Ce 和 Pu-Am 系统的研究较少。最近,Dormeval 对稳定为 δ 相的这些合金电子结构进行了详细的研究,研究结果表明:溶质原子半径大于 Pu 原子的 δ 相稳定元素通过 Pu 5f 电子的局域化而稳定 δ 相 Pu。

很明显的是,目前还没有详细地理解 Pu 中 δ 相稳定机制。然而,δ 相 Pu 合金中 5f 局域度与晶格常数和 Vegard 定律之间的偏差相关。对于 Pu-Am 合金,在整个浓度范围内观察到与 Vegard 定律之间存在正偏差。在 Pu 晶格所致的中等压强条件下,Am 5f 电子仍然处于局域状态,但是当大约 10 GPa 时开始离域化。随着 Am 含量的增加,Pu 5f 电子逐渐局域化,从而导致 Pu 原子尺寸的增加,以及与 Vegard 定律之间的正偏差。Dormeval 认为 δ 相 Pu 中存在局域磁性,但是 Kondo 相互作用(通过电阻率测量进行探测)对其产生屏蔽作用。相似地,Fluss 提出了 δ-Pu 稳定的"基于缺陷的自旋调制"Kondo 杂质机制。根据 Dormeval 的研究结果,Kondo 相互作用掩盖 Pu 原子的局域磁矩,直到 Am 原子含量达到大约 24%。Am 含量的进一步增加将导致 Kondo 屏蔽作用的消失,以及磁化率的 Curie-Weiss 行为。在 Pu-Al,Pu-Ga 和 Pu-Ce 系统中没有观察到相似的行为(全部具有几乎平坦(与温度和浓度无关)的磁化率)。Dormeval 认为只有一种 δ 稳定元素(Am)可以用于探测 δ-Pu 的磁性。因此,为了从微观方面更好地描述锕系合金,需要对这些体系的电子、磁性、力学等性质进行第一性原理计算。

5.2 Pu 合金电子结构的第一性原理计算

Pu 元素位于含有离域 5f 电子的轻锕系元素和含有局域 5f 电子的重锕系元素的边界处。Pu 中自辐射嬗变产物不断增加 5f 状态的局域性,从而会影响 δ-Pu 的相稳定性。Pu 中自辐射所致缺陷产生的原子体积或内部应力的变化将会影响 Pu 中相稳定性的细致平衡。同时在 Pu 老化过程中,Pu α 衰变将会在晶格中引入 He 原子,空位和间隙原子,同时 He 泡会随着时间而形核和生长。当引入这些缺陷时,晶格将会膨胀,从而辐射损伤和 He 累积可能影响相稳定性和力学性质。力学性质可能控制 He 泡向空穴的演变过程,对于力学性质变化的理解可能有助于预测空穴膨胀。此外,^{239}Pu α 衰变产生的自辐射效应通过子体产物(比如 He 泡和缺陷)的累积而改变晶格的周期性,从而阻止实现真正的平衡状态。如上所述,Pu 中锕系嬗变产物的生长将对相稳定性的细致平衡产生潜在的效应。在平衡条件下,Am 使得 fcc δ-Pu 更加具有热力学稳定性,即 Am 原子将会进一步稳定 δ 相合金。另外一方面,U 和 Np 将会降低 δ 相稳定性。因此,在环境温度下 δ-Pu 可能不具有期望的效应。另外,在 δ 相 Pu-Ga 合金中,Pu($5f$)-Pu($6d$),Ga($4p$)-Pu($6d$) 和 Ga(s,p)-Ga(s,p) 之间的相互作用对相稳定性具有决定性的效应。此外,在 Pu-Ga 合金老化过程中,Pu(Ga) 原子局域结构的变化可能对 δ 相 Pu 稳定性产生影响。

为了从微观水平认识 Pu-Ga 有序金属间化合物 Pu$_3$Ga(ζ 相,Lt$_2$ 结构),Pu$_3$Ga(ζ′ 相,四方变形,δ→α 共析分解的产物)和 PuGa$_3$(六方结构)的相稳定性,本节研究了这些金属间化合物的局域态密度(PDOS)。在 DFT 计算中,Pu$_3$Ga(ζ 相和 ζ′ 相)金属间化合物的平面波截止能量设置为 550.0 eV,PuGa$_3$ 金属间化合物的截止能量为 600.0 eV,其他计算条件与 4.2 节相同。Pu$_3$Ga(ζ 相和 ζ′ 相)和 PuGa$_3$ 有序金属间化合物的晶格参数见表 5.1。

表 5.1　Pu-Ga 有序金属间化合物的晶格参数

金属间化合物	对称性	空间群	晶格常数	
			a/nm	c/nm
Pu$_3$Ga (ζ 相)	六方	P$_m$3m	0.4507	
Pu$_3$Ga (ζ′ 相)	四方	P$_4$/mmm	0.446 9	0.452 7
PuGa$_3$	六方	P6$_3$/mmc	0.630 0	0.451 4

5.2.1　Pu-Ga 合金的电子结构

为了对不同化学当量的 Pu-Ga 金属间化合物进行比较,计算每个原子的形成焓,Pu 和 Ga 元素的参考结构为 fcc 结构。采用 LDA-SP+U 计算获得的 Pu-Ga 金属间化合物形成焓 H_f,体积模量 B_0,带隙值 Δ 和弹性常数 C_{ij} 见表 5.2。

表 5.2   Pu - Ga 有序金属间化合物的 DFT 计算结果

化合物	H_f/eV	B_0/GPa	Δ/eV	C_{11}/GPa	C_{12}/GPa	C_{44}/GPa
Pu$_3$Ga(ζ 相)	0.673 19	90.146 18	0.003	114.152 25	78.143 15	37.053 55
Pu$_3$Ga(ζ' 相)	−2.708 96	92.105 20	0.032	111.867 10	87.717 40	36.276 35
PuGa$_3$	2.940 59	59.505 33	0.007	66.616 20	52.414 00	−56.925 20

Pu$_3$Ga(ζ' 相)的形成焓为负值,即该合金系统具有强烈的吸引相互作用,这表明 Pu$_3$Ga(ζ' 相)金属间化合物可以稳定存在。这个结果解释了 $\delta \rightarrow \alpha$ 共析相分解中形成稍微四方变形的 Pu$_3$Ga 沉淀(ζ' 相),而不是 Pu$_3$Ga 金属间化合物(ζ 相)的原因。从热力学角度考虑,在室温及其以下的温度条件下 fcc 结构 Ga 稳定 δ - Pu 合金处于热力学准稳定状态,α - Pu(单斜相)+Pu$_3$Ga 有序金属间化合物更加具有热力学稳定性。本节所采用自旋极化效应将 Pu 5f 和 6d 状态推向较低的能带,因此在较低的能量上出现与宽 Ga(s,p)带之间的杂化,这同样解释了负的形成焓。因为 Ga 元素的参考结构是 fcc 结构,而实验中平衡 Ga 金属处于 A11 结构,纯 Pu 的热力学平衡相是 α - Pu,所以形成焓的计算值与实验数值稍微不同,但两者之间的趋势一致。然而,如前所述,当 Pu 中辐射所致扩散的增强与辐射所致无序相互平衡时,ζ' 相 Pu$_3$Ga 沉淀将会产生分解行为,Ga 原子重新返回至 δ 相。同时由于缓慢的 Ga 扩散性、应力或应变效应,因此在室温下没有观察到 Pu$_3$Ga 有序金属间化合物的沉淀。

Pu$_3$Ga 金属间化合物(ζ 相)中 Ga,Pu 原子和整个化合物 PDOS 的LDA - SP+U 计算结果如图 5.1 所示,Pu$_3$Ga 金属间化合物(ζ' 相)和 PuGa$_3$ 金属间化合物的计算结果如图 5.2 和图 5.3 所示。

从图 5.1 可知,当 Pu 和 Ga 形成 Pu$_3$Ga 金属间化合物(ζ 相)时,Ga 4p 状态向高能带移动,而 Fermi 能级附近的 Pu p 状态消失,新的 d 状态出现在 −14.4～−14.0 eV。Fermi 能级上的 5f 状态稍微增加,这是由于 SP 效应(模拟了局域 5f 状态)导致 5f 轨道产生交换劈裂行为,局域 Coulomb 相互作用 U 参数将进一步增加这种劈裂行为,增加了局域 5f 状态,从而抑制了 5f 电子对化学成键过程的贡献。

从图 5.2 可知,当形成 Pu$_3$Ga 金属间化合物(ζ' 相)时,Fermi 能级附近的 5f 状态明显减少。这表明 Ga 原子替代 Pu 原子后,Ga(4p)- Pu(5f)杂化替代了 Pu(6d)- Pu(5f)杂化,而 Ga(4p)- Pu(5f)杂化所引起的电子效应将导致部分 5f 电子处于离域状态(即参与化学成键过程),因此减少了局域 5f 状态。

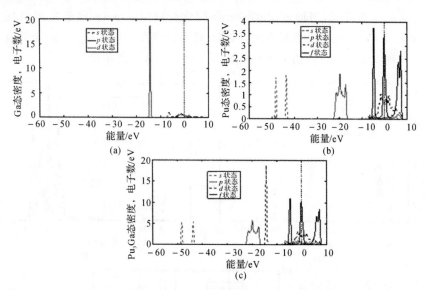

图 5.1　LDA - SP+U 计算获得 Pu$_3$Ga(ζ 相)中(a) Ga，(b) Pu 和(c) Pu$_3$Ga PDOS

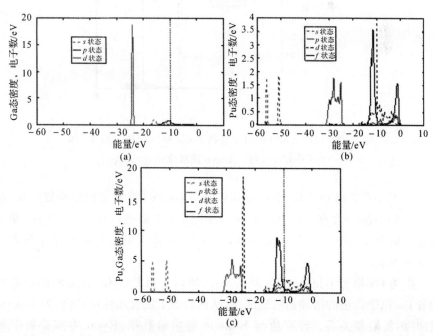

图 5.2　LDA - SP+U 计算获得 Pu$_3$Ga(ζ′相)中(a) Ga，(b) Pu 和(c) Pu$_3$Ga PDOS

从图 5.3 可知，当形成 $PuGa_3$ 金属间化合物时，Ga $4p$ 状态主要出现在 $-10 \sim 10$ eV 的更宽能带范围内，Pu $6p$ 状态出现在 $-10 \sim 10$ eV 的能带范围内。与纯 Pu(fcc 结构)的 PDOS 相比，$5f$ 状态向较低的能带移动。

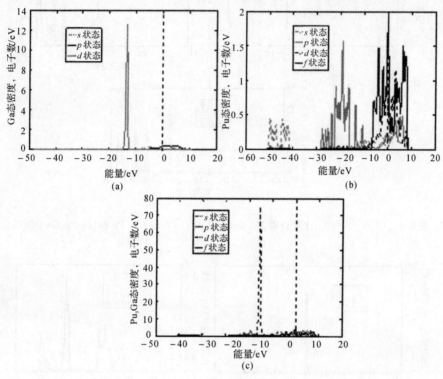

图 5.3 LDA-SP+U 计算获得 $PuGa_3$ 中(a) Ga，(b) Pu 和
(c) $PuGa_3$ PDOS，Fermi 能级位于 0 eV

为了获得 δ 相 Pu-Ga 合金晶格常数与 Ga 原子含量之间的函数关系，在 3×3×3 超晶胞(含有 108 个原子)中采用 DFT 方法进行计算，其中 Ga 原子含量分别为 2.78%，4.63%，5.56%，7.41%，8.33% 和 9.26%。计算结果如图 5.4 所示。

因为 Ga 原子半径小于 Pu 原子半径，所以 δ 相 Pu-Ga 合金的晶格常数随着 Ga 原子含量的增加而线性减少，从而验证了混合线性定律(称为 Vegard 定律)的负偏差关系。计算值与 Ellinger 等实验数据、Ravat 等实验数据和 Wolfer 等理论计算结果非常一致。晶格常数减少量大于 Vegard 定律所预测的减少量，这种现象是由于 Ga 原子替代 Pu 原子后，Ga($4p$)-Pu($5f$)杂化替代了 Pu$(6d)$-Pu$(5f)$杂化,而 Ga$(4p)$-Pu$(5f)$杂化所引起的电子效应将导致部分 $5f$ 电子处于离域状态,因此减少了 $5f$ 电子的局域行为,Pu $5f$ 电子局域度的减少导致更多的 $5f$ 电子参与化学成键过程,增加了晶体的内聚性,从而引起晶格常数的进一步减少。

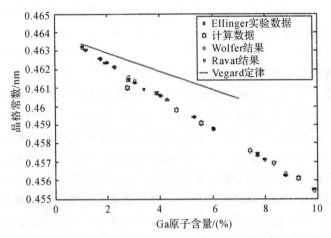

图 5.4　δ 相 Pu-Ga 合金晶格常数与 Ga 原子含量之间的函数关系

5.2.2　Pu-Am 合金的电子结构

在环境压强下,从低温到熔点加热过程中,Pu 金属表现出 6 个晶体结构。密度最低的 δ-Pu 体积比 α-Pu 高 25%,在 593~736 K 的温度范围内保持稳定。由于 α-Pu 具有复杂的单斜晶体结构,所以基态 α 相相当脆,而 δ 相延展性较好。为了将 δ-Pu 温度范围扩展至较低温度,可以在 Pu 中添加少量的合金元素,比如 Al 或 Ga。少量的 Am 元素常常作为 Pu 放射性衰变产物的形式而存在。在宽温度和浓度范围内,这三种元素使 δ 相保持稳定。然而,稳定作用的精确机制目前是未知的。最近,有人提出 Am 稳定 δ-Pu 的机制是通过降低有序-无序磁性转变温度(称作居里温度或居里点)而实现的,而对于 Al 和 Ga 原子,这种效应很不明显,表明其稳定过程存在另一种物理源头。换句话说,δ 相的稳定作用超过 α 相可能包含对于后者的合金效应,即 Al 和 Ga 原子是一种机制,而 Am 原子是不同的机制。

之前的报道主要研究了 Pu 化合物 Pu$_3M(M=$Al,Ga,In)。目前已知 Al,Ga 和 In 金属是 δ-Pu 的稳定化元素,即少量合金化元素可以使 δ-Pu 在低至大约室温的温度条件下保持稳定。从理论角度考虑,只有在自旋-极化计算中,才可能解释稳定作用。其解释如下:由于自旋-轨道相互作用和交换分裂的相互干扰,所以与非磁计算结果相比,Pu $5f$ 状态的底部移向较低的能量。这将导致 Pu $5f$ 和合金化金属 p 能级之间产生更强的杂化作用,从而增加结合能,这可以视为稳定作用的主要原因。

在 Am 大约 24% 和更高含量的 Pu - Am 体系中,由于发现磁化率的 Curie - Weiss 行为,所以这些化合物是非常有趣的。因此,从 δ - Pu 到 Am,电子结构和磁性结构将会发生何种变化。Landa 和 Soderlind 已经采用标量相对论自旋极化 FPLMTO 方法,KKR - ASA 方法研究了 Pu 和 Am 合金。本节采用全势线性 muffin - tin 轨道(FP - LMTO)方法进行电子结构计算,其中对单电子作用势或电荷密度不存在几何近似,因此不适合于低对称性或变形晶体。FPLMTO 中"全势"是指采用电子电荷密度和作用势的非球形贡献,这可以通过在非重叠 muffin - tin 球内部采用三次球谐函数对电荷密度和作用势进行展开,以及在间隙区域采用 Fourier 级数对电荷密度和作用势进行展开的过程来完成。采用了与每一个基轨道相关的两个能量拖尾,对于 Pu 的半原子实 $6s,6p$ 状态和共价状态($7s,7p$, $6d$ 和 $5f$),这些能量对是不同的。通过这种"双基函数"方法,对于每一个原子采用了 6 个能量拖尾参数和 12 个基函数。对于基函数,作用势和电荷密度,球谐展开的最高系数为 $l_{max} = 6$。与 EMTO 方法情况相同,交换-相关近似采用了 GGA。所有计算包含 $6s$,$6p,7s,7p,6d$ 和 $5f$ 基函数,对于 d 和 f 状态,包含自旋-轨道耦合作用和轨道极化作用。根据特殊 k 点方法进行 k 点采样,8(2)个原子/晶胞计算最高采样 216(800)个 k 点。为了研究这些系统的力学稳定性,对于 AFM fcc Pu 和有序 Pu_3Am 化合物,采用所谓的 Bain 变形,即总能与四方变形之间的函数关系。在 FP - LMTO 方法中,通过巨大的超晶胞或有序化合物对 $Pu_{100-c}Am_c$ 合金进行近似。因为有序化合物包含较少的原子,所以计算过程的效率最高。本节计算了 AF fcc Pu 系统,而 $Pu_3Am(Cu_3Au)$ 化合物采用了 8 原子晶胞。在后一个化合物中,简单四方结构的 c/a 轴向比为 2。自旋向上的 Pu 原子位于(0.5, 0.5, 0),(0.5, 0, 0.5)和(0, 0.5, 0.5),自旋向下的 Pu 原子位于(0.5, 0.5, 1),(0.5, 0, 1.5)和(0, 0.5, 1.5)。自旋向上的 Am 原子坐标为(0, 0, 0),自旋向下的 Am 原子坐标为(0, 0, 1),这个结构是 $L1_2$ 构型。

图 5.5 显示了 δ 相 $Pu_{100-c}Am_c$ 合金晶格参数的计算值和实验值。这些合金的实验原子体积明显高于 Vegard 定律(图中表示为直线)。这个行为解释为 Pu $5f$ 电子的逐渐局域化。磁性计算(FP - LMTO 和 KKR - ASA)能够很好地重现这个趋势。从纯 δ 相 Pu 到 δ 相 $Pu_{80}Am_{20}$ 合金,图中显示了无序磁

矩计算结果,而在其上方显示了 δ 相 $Pu_{75}Am_{25}$ 合金到纯 Am(采用了反铁磁序)。因此,当 Am 原子含量超过大约 25% 时,δ 相 Pu 合金在室温及其以下温度条件下处于反铁磁状态。

之前的研究结果表明,在大约 400 K 或者以下的温度条件下,$Pu_{75}Am_{25}$ 合金具有 AFM 磁序,当超过这个温度时,将具有无序磁性。纯 δ 相 Pu 同样存在这个磁性转变行为,但是出现在明显较高的温度条件下(大约 548K)。对于 δ 相 Pu,由于 AFM 相的结构不稳定性,因此 DLM→AF 磁性转变将导致 δ→γ 转变。然而,对于 Pu-Am 合金,没有发现这种结构相变行为,这表明 AFM 构型仍然处于力学稳定状态。从理论角度考虑,通过计算 AFM Pu-Am 合金的弹性常数或者相关变形能可以验证这个假设。

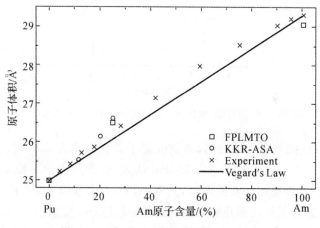

图 5.5　δ 相 $Pu_{100-c}Am_c$ 合金的晶格参数

当使用 FP-LMTO 方法计算变形能时,通过 Pu_3Am(Cu_3Au 结构)化合物模拟 $Pu_{75}Am_{25}$ 合金。AFM Pu_3Am 和 AFM δ-Pu 相对能量与轴向比 c/a 之间的函数关系如图 5.6 所示。当 $c/a=1.414$ 时将恢复为 fcc 对称性。对于 δ-Pu,AFM 构型相对于四方变形是非常不稳定的,而 Pu_3Am 系统仍然处于力学稳定状态,当 $c/a=1.414$ 时,总能具有极小值。因此,δ-Pu 和 Pu_3Am 之间存在根本的差别,这是因为两者都经历 DLM→AFM 磁性转变,这个转变过程导致 δ-Pu 的不稳定,但是没有导致 Pu_3Am 化合物的不稳定。因为我们的理论预测获得 Pu-Am 合金系统可能存在 AFM 磁序,所以这是很重要的。为了从实验上进行验证,必须进行磁化率测量,当存在 AFM 磁序时,将表现出 Curie-Weiss 行为。当 δ-Pu 中 Am 原子含量大约为 24%～26%

时，将会出现明显的 Curie - Weiss 行为。在 δ - Pu 中（理论上没有预测获得 AFM 磁序），磁化率几乎与温度无关。

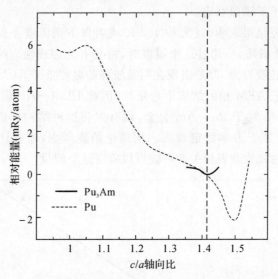

图 5.6　Pu 和 Pu₃Am 相对能（单位为 mRy/atom）与 c/a 轴向比之间的函数关系

　　Dormeval 的测量结果表明，当 Am 原子含量大约为 25％时，δ - Pu 在低温条件下稳定为反铁磁状态。Söderlind 认为，由于其力学不稳定性，因此纯 δ - Pu 不存在这种磁序。众所周知，具有离域 $5f$ 状态的 Pu 和其他锕系元素趋向于结晶为低对称性和开放结构，这是由于 Fermi 能级（E_F）上高 $5f$ 态密度有效地阻止高对称性结构。在低温条件下，反铁磁 δ - Pu 的不稳定性与相似的现象相关。反铁磁 Pu 和 Pu₃Am 电子态密度的 FP - LMTO 计算结果如图 5.7 所示。图像集中于零能量 E_F（通过虚垂直线表示）附近的 DOS 行为。对于纯 Pu，存在的一个强峰与 E_F 相交，其极大值位于 Fermi 能级下方。由于这个峰对能带的巨大贡献，因此这是不有利的情况。对于 Pu₃Am（粗线），这个峰移向黑线下方（接近于 DOS 的极小值）。与 Pu 相比，Pu₃Am 中 Fermi 能级上 DOS 明显较低。在 Pu₃Am 中，E_F 相对于纯 Pu 的移动是由于这个化合物中 Am $5f$ 电子所致。假设 Pu₃Am 中这个更加稳定的情况能够解释这个系统中力学稳定性。

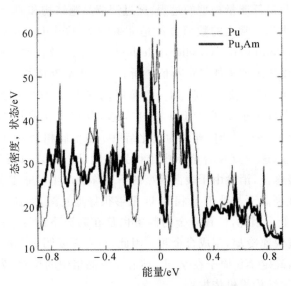

图 5.7 Pu 和 Pu_3Am 总态密度

5.3 U 合金电子结构的第一性原理计算

5.3.1 计算方法

目前,国内外对非合金铀金属腐蚀的实验和理论研究较多,但对于铀合金的腐蚀行为研究较少。添加的合金化元素对铀合金的性能很大,比如 Ti,Zr 元素加速铀合金的氢化腐蚀,而添加 Nb 元素将会明显提高抗氧化性能。实际上,准确确定 U–Nb 合金的晶体结构是研究其物理化学性质的基础和关键。本章采用基于第一性原理的结构驰豫方法,对 U–12.5at%Nb 合金的晶体结构进行计算,以期获得其晶胞结构参数。

本节所有计算均是在密度泛函理论框架下,采用 VASP 软件进行计算的。经过比较,本节选择 RPBE–GGA 泛函,而 RPBE 泛函相比于 PW91 和 PBE 泛函,能够显著改善对化学吸附的描述。使用 Monkhorst–Pack 方法选取 k 点,并对所有模型的 k 点选取进行了收敛性测试,以保证采取了足够多的 k 点获得收敛良好的结果,在计算总能和态密度时,采用 Blöchl 修正过的四面体方法;其他诸如结构驰豫、过渡态搜寻等计算时,为保证获取精确的力,采用 Methfessel 和 Paxon 提出的模糊化方法。几何结构优化方法几何结构优化的过程就是寻找最低能量构型的过程：通过调节晶胞结构和原子位置，使体系的总能达到最小化。常用的数值方法是准牛顿法（Qusai－Newton Method）和共轭梯度法（Conjugate－Gradient Method），本节涉及几何结构优化的部分均采用共轭梯度法来搜索能量最小值。所有计算中截断能均为 520 eV，计算精度选取"Accurate"。使用一阶 M－P 模糊化方法时，展宽设为 0.1 eV，能量收敛终止的条件为能量差小于 1×10^{-6} eV，几何优化采用力作为收敛准则，当力小于 0.01 eV/Å 时，即认为优化结束。在金属相的 U 中，5f 电子的关联效应不明显，这一点在合金相中也得到了验证。对表面模型（Slab 超胞模型）进行偶极修正，消除由于表面模型的不对称所产生的非零偶极子。

Nb 原子在高温下与处于 γ 相的 U 能够很好地互溶，而在 α 相和 β 相的 U 中可溶性较低。因此，U 铌合金的制备也是在高温下的 γ－U 中加入 Nb 元素，然后通过快速冷却，制成合金相。因此，首先需要明确 Nb 原子在 γ－U 中的掺杂形式，确定 Nb 原子在 γ－U 体心立方晶格中的位置，为下一步计算 U 铌合金的晶体结构提供依据。

5.3.2 Nb 在 U－Nb 中掺杂位置

α 相与 γ 相 U 的晶体结构如图 5.8 所示，α－U 为正交结构，γ－U 为体心立方结构。计算中，k 点设置为 $21 \times 21 \times 21$，两种结构的晶胞均简化为单胞的形式。经过计算，对于 α－U，晶格常数为：$a=2.814$Å，$b=5.821$Å，$c=4.925$Å，$y/b=0.100$，每个原子所占体积 $V=20.167$Å^3，实验数据为：$a=2.844$Å，$b=5.867$Å，$c=4.932$Å，$y/b=0.102$，$V=20.535$Å^3。对于 γ－U，$a=3.437$Å，$V=20.247$Å^3，实验数据为：$a=3.47$Å，$V=20.89$Å^3。采用 PAW 方法和 RPBE－GGA 泛函得到的计算结构与实验数据吻合地很好。

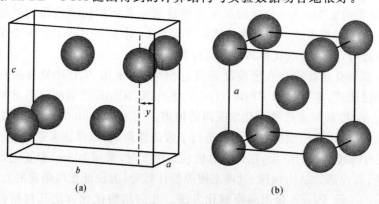

图 5.8 (a)α 相和(b)γ 相 U 的晶体结构

进一步对态密度进行计算分析,可以直观地给出电子态的特征,深入研究原子间的相互作用。如图 5.9 所示,$6s$ 和 $6p$ 电子离原子核较近,能量远低于费米能级,不属于价电子,不参与成键。这表明 U 的 PAW 赝势将能量高于 $6s$ 的电子视为价电子是合理并且充分的。对 α 相和 β 相的 U,$5f$ 电子占据费米能级附近,对化学成键行为的贡献最大。$6d$ 和 $7s$ 电子的能量比 $5f$ 略低,但电子态仍分布在费米能级两侧。因此 U $7s$、$6d$ 和 $5f$ 电子是 α 相和 β 相 U 中最为活跃的电子,在化学反应中易参与化学成键过程。

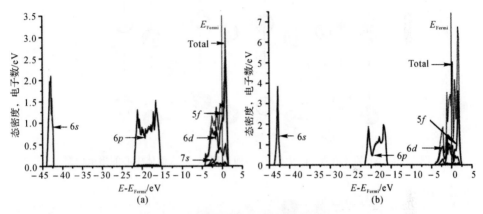

图 5.9　U 金属体相 U 原子的分波态密度

(a)α-UDOS；　(b)γ-UDOS

通过计算确定了 α-U 的晶体结构及晶格常数之后,对于体心立方的结构而言,高对称点有 3 个,而这三个点也就是 Nb 最有可能的掺杂位置。这 3 个高对称点分别是 U 原子所在位置(替代掺杂)、四面体中心位置和八面体中心位置。对应 Nb 原子的三种掺杂形式分别是替换一个 U 原子、Nb 原子位于四面体及八面体的中心位置。图 5.10 中所示 Nb 原子分别位于四面体和八面体的中心位置。图 5.10(a)中位置点 T 为四面体 ABCD 的中心,T 位于{001}面 BCFE 上,距点 A 和点 D 的距离相等。图 5.10(b)中位置点 O 为八面体 ABCFED 的中心,T 同时也是{001}面 BCFE 和{110}面 ACDE 的中心点。

计算时,为充分考虑单个 Nb 原子的掺杂效应,基于以上计算所得 γ-U 的晶格参数,建立 3×3×3 超胞模型,含有 54 个晶格位(亦即 U 原子数目),如图 5.11 所示,k 点设置为 9×9×9。利用该模型分别建立点缺陷、替代掺杂、四面体中心位掺杂和八面体中心位掺杂的超胞模型,通过结构驰豫优化,得到四种缺陷或掺杂形式的稳定构型,进而通过对比其形成能,从热力学角度进行分析。本节采取的计算参数设置比相关文献中更为精确,以期获得更为准确的结果。

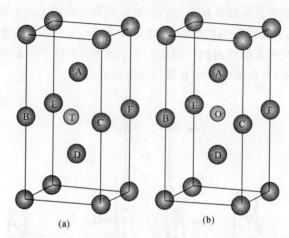

(a) (b)

图 5.10　Nb 原子在 γ-U 中位于(a)四面体和(b)八面体中心的掺杂构型

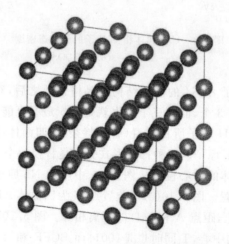

图 5.11　γ-U 的 3×3×3 超胞模型

将处于基态的单个隔离原子的能量视为零点,定义点缺陷(single vacancy)的形成能为

$$E_v = E_{(n-1)\text{U}} - \frac{n-1}{n} E_{n\text{U}} \tag{5.1}$$

式中,$E_{(n-1)\mathrm{U}}$ 为超晶胞模型(含有 n 个 U 原子)中失去一个 U 原子后稳定构型的总能;$E_{n\mathrm{U}}$ 为超晶胞模型的总能。Nb 原子掺杂后的形成能 E_{s} 为

$$E_{\mathrm{s}} = E_{(n-1)\mathrm{U}+\mathrm{Nb}} - \frac{n-1}{n}E_{n\mathrm{U}} - E_{\mathrm{Nb}} \tag{5.2}$$

式中,$E_{(n-1)\mathrm{U}+\mathrm{Nb}}$ 为 $(n-1)$ 个 U 原子与替代掺杂的 Nb 原子形成稳定结构的能量;E_{Nb} 为铌体心立方稳定晶体结构中单个 Nb 原子的能量(经计算,bcc - Nb 的晶格常数为 3.309Å)。

Nb 原子空位掺杂(interstitial defect)的形成能 E_{I} 定义为

$$E_{I} = E_{n\mathrm{U}+\mathrm{Nb}} - E_{n\mathrm{U}} - E_{\mathrm{Nb}} \tag{5.3}$$

式中,$E_{n\mathrm{U}+\mathrm{Nb}}$ 是 n 个 U 原子与空位掺杂的 Nb 原子形成稳定结构的总能。

分别进行结构驰豫计算并计算驰豫后结构的总能。点缺陷的形成能为 1.323 eV,差分电荷密度如图 5.12 所示,中心缺陷附近的电荷密度显著降低,离中心缺陷最近的 U 原子(例如 1 号 U 原子)靠近缺陷移动了 0.098Å,而离中心缺陷次近的 U 原子(例如 2 号 U 原子)远离缺陷移动了 0.14Å。结构驰豫造成密堆积方向(如 1→3)的电荷密度明显降低,而在另一方向(如 1→2)上变化相对较小。

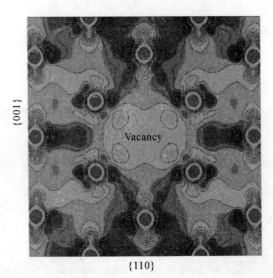

图 5.12　在 γ - U 中形成点缺陷后{1 1 0}面的差分电荷密度,中心处为缺陷位置

一个 Nb 原子替代一个 U 原子(替代掺杂)的形成能为 0.35 eV,一个 Nb 在四面体中心和八面体中心处空位掺杂的形成能分别为 2.12 eV 和2.53 eV。

三种情形的结构驰豫情况和差分电荷密度如图 5.13 所示,电子分布的变化程度依次(替代位→四面体中心位→八面体中心位)增大,这同时也与三种情形中原子的位移大小相对应。Nb 原子替代掺杂时,距离最近的 U 原子(例如B,F)向外(以 Nb 原子为参照,下同)移动了 0.10 Å,次近的 U 原子(例如 D)向内移动了 0.08 Å。Nb 原子四面体中心位掺杂时,距离最近的 U 原子(例如 B,C)向外移动了 0.59Å,第二近邻的 U 原子(图中未标示)向外移动了0.23Å。Nb 原子八面体中心位掺杂时,距离最近的 U 原子(例如 A,D)向外移动了 0.74 Å,第二近邻的 U 原子(例如 E,C)向外移动了 0.53Å。根据形成能的计算结果,Nb 原子在热力学上更倾向于在 γ - U 中替代掺杂。Vandermeer 等实验研究表明,U-6 wt% Nb 合金在温度高于 600 K 以上时的稳定结构为体心立方结构,即 γ 相,本节的计算结论与实验结果相吻合。

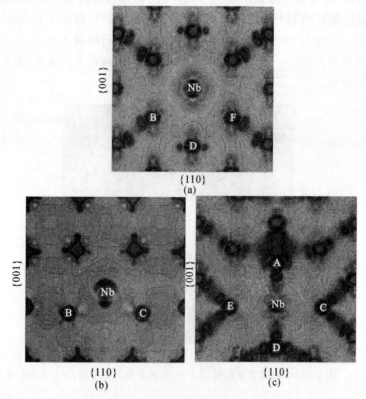

图 5.13　在 γ - U 中(a)一个 Nb 原子替代掺杂后{１１０}面,(b)一个 Nb 原子在四面体中心空位掺杂后{１１０}面和(c)一个 Nb 原子在八面体中心空位掺杂后{１００}面位置的差分电荷密度

5.3.3　U-12.5 at% Nb 合金的晶胞结构

U-12.5at％ Nb 合金在高温下为体心立方结构,将其冷却时会发生一系列相变。在约 570 K 时,γ 相变为奥氏体 γ°相,晶胞呈正交结构;在 450～370 K 之间时,合金进一步转变为马氏体 α″相,晶胞呈单斜结构。研究表明,由奥氏体(γ 相→γ°相)向马氏体(α″相)的转变过程非常迅速。对于 U-12.5at％ Nb 合金,相变过程中,晶胞 γ 角增大(＞90°),晶体结构从正交结构变为单斜结构。

由此可见,从晶格结构上来说,在冷却过程中 U 铌合金 α″相结构的形成过程与单质 U α 相结构的形成过程是类似的,这也是 α″相名称的由来。因此,可以利用单质 U α 相的晶体结构形式和晶格常数为基础来研究 α″相 U 铌合金的结构,即通过将 α-U 中的某个 U 原子替换为 Nb 原子,然后进行第一性原理结构驰豫计算,最终得到 U 铌合金的晶胞结构。由于 U-12.5at％ Nb 中两种原子的数量比为 U∶Nb＝7∶1,而 α-U 晶胞中含有 4 个 U 原子,因此,取 2×1×1 α-U 超晶胞(见图 5.14(a)),并将其中一个 U 原子替换为 Nb 原子(α-U 晶胞中的 4 个 U 原子是等价的,替换没有差异性,如图 5.14(b)所示)。经过结构驰豫计算后得到稳定平衡态的晶体结构,即 U-12.5at％ Nb 的 α″相结构。

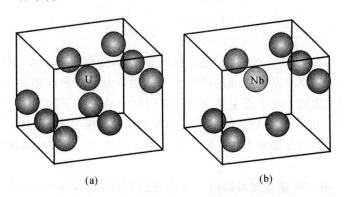

(a)　　　　　　　　　　　(b)

图 5.14　在 2×1×1 α-U 超晶胞示意图

(a)含有 8 个 U 原子;　(b)一个 U 原子替换为 Nb 原子

为减小 Pulay 应力的影响,在进行结构驰豫时截断能设为 780 eV(其他计算中仍为 520 eV)。计算结果如图 5.15 所示,与 $2 \times 1 \times 1$ α-U 超晶胞相比,结构发生了明显变化:

(1)正交结构(空间群 Cmcm)转变为单斜结构(空间群 P11m);

(2)晶格常数为 $a=5.958\text{Å}, b=5.699\text{Å}, c=4.885\text{Å}$;

(3)晶胞体积从 161.335Å^3 变为 164.831Å^3,增大了 2.17%;(4)晶格轴角 $\alpha=\beta=90°, \gamma=96.3°$,与 Vandermeer 实验数据吻合较好。

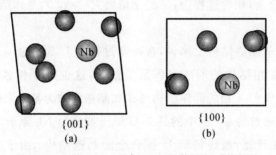

{001}　　　　　　{100}
(a)　　　　　　(b)

图 5.15　U-12.5 at% Nb 的晶体结构计算结果

国际空间群表示方法一般约定,单斜晶体的 Unique Axis 通常为 b,则图 5.15(a)的晶面指数应为 {0 1 0},(b)的晶面指数应为 {0 0 1},晶格参数重新表示为

$$\begin{cases} a=5.699\text{Å} \\ b=4.885\text{Å}, \\ c=5.958\text{Å} \end{cases} \begin{cases} \alpha=\gamma=90° \\ \beta=96.3° \end{cases}$$

对 U-12.5a.t% Nb 进行电子性质的计算,分析其态密度,可以进一步认识 U 原子和 Nb 原子之间的微观相互作用。分波态密度图如图 5.16 所示,费米能级附近的电子态主要为 Nb 原子的 $4d$ 轨道电子和 U 原子的 $5f$ 轨道和 $6d$ 轨道电子,3 个轨道的电子态分布在相同的能量区间内,三个轨道发生杂化,但成键程度非常小,Nb 原子与 U 原子之间主要是以金属键发生相互作用。

通过差分电荷密度图可以进一步直观地观察 Nb 原子与 U 原子之间的相互作用情况。如图 5.17 所示,Nb 原子与周围 U 原子之间出现了明显的电荷涨落,但电子并未发生转移,进一步验证原子间的相互作用形式为金属键。

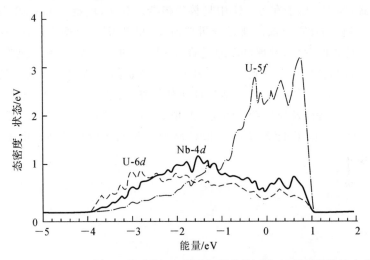

图 5.16　U-12.5 a.t ‰ Nb 晶胞中 Nb 原子与距其最近的 U 原子的分波态密度图

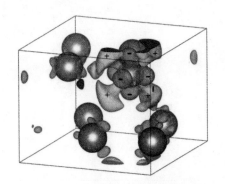

图 5.17　U-Nb 合金的差分电荷密度三维视图

5.4　小　　结

Pu 的复杂相图是强烈磁性相互作用产生的,尤其是研究表明 δ-Pu 是无序磁体。本章通过密度泛函理论电子结构方法研究了 Pu-Ga 和 Pu-Am 合金系统。全势计算结果表明反铁磁序对于这个合金是力学稳定的,Am 原子的 5f 电子将 Fermi 能级移向电子态密度中更加稳定的位置,从而可能解释 Pu-Am 合金的稳定化。此外,采用 PAW 方法确定了 Nb 原子在 γ-U 中的掺杂形式,即 Nb 原子在 γ-U 中是替代掺杂。其次,确定了 U-12.5a.t.％ Nb 晶体结构的计算方法。通过分析单质 U 和 U 铌合金相变过程中晶格参数与原子位置的变化,发现可以通过将 α-U 中的某个 U 原子替换为 Nb 原子,进行结构驰豫,从而得到 U-12.5a.t.％ Nb 晶体结构的方法。最后,通过对 U-12.5a.t.％ Nb 电子结构性质的计算,分析了 U-12.5a.t.％ Nb 电子态的基本特征及轨道杂化情况。发现 Nb 原子与 U 原子之间的相互作用主要来自于 Nb 原子 $4d$ 轨道电子和 U 原子的 $5f$ 轨道和 $6d$ 轨道电子之间微弱的杂化。

参 考 文 献

[1] Hecker S S. Plutonium – an element never at equilibrium[J]. Metall Mater Trans A, 2008, 39: 1585 – 1592.

[2] Baclet N, Oudot B, Grynszpan R, et al. Self – irradiation effects in plutonium alloys[J]. J Alloys Compd, 2007, 444 – 445: 305 – 309.

[3] Chung B W, Thompson S R, Woods C H, et al. Density changes in plutonium observed from accelerated aging using Pu – 238 enrichment [J]. J Nucl Mater, 2006, 355: 142 – 149.

[4] Dremov V, Sapozhnikov P, Kutepov A, et al. Atomistic simulations of helium dynamics in α plutonium lattice[J]. Phys Rev B, 2008, 77: 224 – 306.

[5] Schwartz A J. Plutonium metallurgy: The materials science challenges bridging condenseCaturlad – matter physics and chemistry[J]. J Alloys Compd, 2007, 444 – 445: 4 – 10.

[6] Ao B Y, Wang X L, Hu W Y, et al. Atomistic study of small helium bubbles in plutonium[J]. J Alloys Compd, 2007, 444 – 445: 300 – 304.

[7] Moore K T, van der Laan G. Nature of the 5f states in actinide metals [J]. Rev Mod Phys, 2009, 81: 235 – 298.

[8] Lanatà N, Strand U R, Dai X, et al. Efficient implementation of the Gutzwiller variational method[J]. Phys Rev B, 2012, 85: 035133.

[9] Deng X Y, Wang L, Dai X, et al. Local density approximation combined with Gutzwiller method for correlated electron systems: Formalism and applications[J]. Phys Rev B, 2009, 79: 075114.

[10] Deng X Y, Dai X, Fang Z. LDA + Gutzwiller method for correlated electron systems [J]. Europhysics Letters, 2008, 83: 37008.

[11] Caturla M J, Soneda N, de la Rubia Diaz T, et al. Kinetic Monte Carlo simulations applied to irradiated materials: The effect of cascade damage in defect nucleation and growth[J]. J Nucl Mater, 2006, 351: 78 – 87.

[12]   Jomard G, Amadon B, Bottin F, et al. Thermodynamic, and electronic properties of plutonium oxides from first principles[J]. Phys Rev B, 2008, 78: 075125.

[13]   Chung B W, Thompson S R, Lema K E, et al. Evolving density and static mechanical properties in plutonium from self-irradiation[J]. J Nucl Mater, 2009, 385: 91-94.

[14]   Freibert F J, Dooley D E, Miller D A. Formation and recovery of irradiation and mechanical damage in stabilized δ-plutonium alloys [J]. J Alloys Compd, 2007, 444-445: 320-324.

[15]   Robinson M, Kenny S D, Smith R, et al. Simulating radiation damage in δ-plutonium[J]. Nucl Instru Meth Phys Res B, 2009, 267: 2967-2970

[16]   Wolfer W G. Radiation effects in Plutonium [J]. Los Alamos Sci, 2000, 26: 274-285

[17]   Hecker S S, Timofeeva L F. A tale of two diagrams[J]. Los Alamos Sci, 2000, 26: 244-251.

[18]   Hecker S S, Martz J C. Aging of Plutonium and its alloys[J]. Los Alamos Sci, 2000, 26: 238-243.

[19]   Haschke J M, Allen T H, Morales L A. Surface and corrosion chemistry of Plutonium[J]. Los Alamos Sci, 2000, 26: 252-273.

[20]   Haschke J M, Allen T H, Morales L A. Reaction of Plutonium Dioxide with water: formation and properties of PuO_{2+x}[J]. Science, 2000, 287: 285-287.

[21]   Allen T H, Haschke J M. Hydride-Catalyzed corrosion of Plutonium by air: initiation by Plutonium Monoxide Monohydride [J]. LANL Report, 1998, LA-13462-MS.

[22]   Fynn R A, Ray A K. Ab initio full-potential fully relativistic study of atomic carbon, nitrogen, and oxygen chemisorption on the (111) surface of δ-Pu [J]. Phys Rev B, 2007, 75: 195112.

[23]   Fynn R A, Ray A K. Density functional study of the actinide nitrides [J]. Phys Rev B, 2007, 76: 115101.

[24]   Huda M N, Ray A K. Functional study of atomic Hydrogen adsorption on Plutonium layers[J]. Physica B, 2004, 352: 5-17.

［25］ Huda M N，Ray A K. Electronic structures and bonding of Oxygen on Plutonium layers［J］. Eur Phys J B，2004，40：337.

［26］ 李权，高涛，王红艳，等. CO－H₂系统抗钚表面腐蚀的热力学研究［R］. 中国核科技报告，CNIC－01366，北京：原子能出版社，1999.

［27］ 谢安东. 钚化合物的辐射场效应和激发态的势能函数［D］. 成都：四川大学，2006.

［28］ 李权. 钚化合物分子及分子离子的势能函数和分子反应动力学［D］. 成都：四川大学，2001.

［29］ 蒙大桥. 钚化合物分子结构、势能函数及分子反应动力学［D］. 成都：四川大学，2002.

［30］ 蒙大桥，朱正和，罗德礼，等. 钚氢化物的奇异动力学特征［J］. 自然科学进展，2005，15：669－677.

［31］ 李跃勋. Pu－N与Pu－OH体系的分子结构和势能函数［D］. 成都：四川大学，2005.

［32］ 陈丕恒，白彬，董平. 水在二氧化钚表面吸附行为的研究［C］//中国核学会核材料分会2007年度学术交流会，342－347.

［33］ 高涛，王红艳，黄整，等. PuO₂体系的分子反应动力学研究［J］. 原子与分子物理学报. 1999，16：162－170.

［34］ 傅依备，汪小琳. U钚金属表面抗腐蚀性研究进展［J］. 中国工程科学. 2000，2：59－65.

［35］ 敖冰云，汪小琳. 金属钚中氦与空位相互作用的原子模拟研究［C］//中国核学会核材料分会2007年度学术交流会，332－335.

［36］ 王同权，于万瑞，冯煜芳. 钚材料的老化［J］. 原子核物理评论，2006，23：343－347.

［37］ 王同权，于万瑞，冯煜芳. 钚材料的α能谱以及氦气累积的蒙特卡罗计算［J］. 核技术. 2007，30：502－506.

［38］ Valone S M，Baskes M I，Stan M，et al. Simulations of low energy cascades in fcc Pu metal at 300 K and constant volume［J］. J Nucl Mater，2004，324：41－51.

［39］ Jomard G，Berlu L，Rosa G，et al. Computer simulation study of self irradiation in plutonium［J］. J Alloys Compd，2007，444－445：310－313.

［40］ Pochet P. Modeling of aging in plutonium by molecular dynamics［J］.

Nucl Instru Meth Phys Res B, 2003, 202: 82 - 87.

[41] Wolfer W G, Kubota A, Söderlind P, et al. Density changes in Ga - stabilized δ - Pu, and what they mean[J]. J Alloys Compd, 2007, 444 - 445: 72 - 79.

[42] Boehlert C J, Zocco T G, Schulze R K, et al. Electron backscatter diffraction of a plutonium - gallium alloy[J]. J Nucl Mater, 2003, 312: 67 - 75.

[43] Ravat B, Oudot B, Baclet N. Study by XRD of the lattice swelling of PuGa alloys induced by self - irradiation[J]. J. Nucl. Mater., 2007, 366: 288 - 296.

[44] Migliori A, Mihut I, Betts J B, et al. Temperature and time - dependence of the elastic moduli of Pu and Pu - Ga alloys[J]. J Alloys Compd, 2007, 444 - 445: 133 - 137.

[45] Fluss M J, Wirth B D, Wall M, et al. Temperature - dependent defect properties from ion - irradiation in Pu（Ga）[J]. J Alloys Compd, 2004, 368: 62 - 74.

[46] Thiebaut C, Baclet N, Ravat B, et al. Effect of radiation on bulk swelling of plutonium alloys[J]. J Nucl Mater, 2007, 361: 184 - 191.

[47] Conradson S D. Where is the Gallium: Searching the plutonium lattice with XAFS[J]. Los Alamos Sci, 2000, 26: 356 - 363.

[48] Schaeublin R, Caturla M J, Wall M, et al. Correlating TEM images of damage in irradiated materials to molecular dynamics simulations [J]. J Nucl Mater, 2002, 307 - 311: 988 - 992.

[49] Wirth B D, Schwartz A J, Fluss M J, et al. Fundamental Studies of Plutonium Aging[J]. MRS Bull, 2001, 679 - 683

[50] Martz J C, Schwartz A J. Plutonium: Aging Mechanisms and Weapon Pit Lifetime Assessment[J]. J O M, 2003, 19 - 23.

[51] Ao B Y, Yang J Y, Wang X L, et al. Atomistic behavior of helium - vacancy clusters in aluminum[J]. J Nucl Mater, 2006, 350: 83 - 88.

[52] Wheeler D W, Bayer P D. Evaluation of the nucleation and growth of helium bubbles in aged plutonium[J]. J Alloys Compd, 2007, 444 - 445: 212 - 216.

[53] Wilson W D, Bisson C L, Baskes M I. Self – trapping of helium in metals[J]. Phys Rev B, 1981, 24: 5616 – 5625.

[54] Schwartz A J, Wall M A, Zocco T G, et al. Characterization and modelling of helium bubbles in self – irradiated plutonium alloy[J]. Phil Mag, 2005, 85: 479 – 488.

[55] Robert G, Pasturel A, Siberchicot B. Thermodynamic, alloying and defect properties of plutonium: Density – functional calculations[J]. J Alloys Compd, 2007, 444 – 445: 191 – 196.

[56] Moore K T, Söderlind P, Schwartz A J, et al. Symmetry and stability of δ – Plutonium: The Influence of Electronic Structure[J]. Phys Rev Lett, 2006, 96: 206402.

[57] Nelson E J, Blobaum K J M, Wall M A, et al. Local structure and vibrational properties of α – Pu martensite in Ga – stabilized δ – Pu [J]. Phys. Rev. B, 2003, 67: 224206.

[58] Harbur D R. The effect of pressure on phase – stability in the Pu – Ga alloy system[J]. J Alloys Compd, 2007, 444 – 445: 249 – 256.

[59] Massalski T B, Schwartz A J. Connections between the Pu – Ga phase diagram in the Pu – rich region and the low temperature phase transformations[J]. J Alloys Compd, 2007, 444 – 445: 98 – 103.

[60] Hecker S S. The Magic of Plutonium: 5f Electrons and Phase Instability[J]. Metall Mater Trans A, 2004, 35: 2207 – 2222.

[61] Hohenberg P, Kohn W. Inhomogeneous electron gas[J]. Phys Rev B, 1964, 136: 864 – 871.

[62] Kohn W, Sham L J. Self – consistent equations including exchange and correlation effects[J]. Phys Rev B, 1965, 140: 1133 – 1138.

[63] Becke A D. The role of exact exchange[J]. J Chem Phys. 1993, 98: 5648 – 5652.

[64] Perdew J P, Chevary J A, Vosko S H, et al. Atoms, molecules, solids and surfaces : applications of the generalized gradient approximation for exchange and correlation[J]. Phys Rev B, 1992, 46: 6671.

[65] 朱正和,俞华根. 分子结构与分子势能函数[M].北京:科学出版社, 1997.

[66] Murrell J N, Sorbie K S. New analytic form for the potential energy curves of stable diatomic states[J]. J Chem Soc Faraday Trans, 1974, 270: 1552 - 1556.

[67] 蒙大桥, 刘晓亚, 张万箱, 等. Pu$_2$分子的结构与势能函数[J]. 原子与分子物理学报, 2000, 17: 411 - 415.

[68] 夏吉星. He 原子在 Ni, Pd 金属中行为的原子模拟研究[D]. 长沙: 湖南大学, 2007.

[69] Finnis M W, Sinclair J E. A simple empirical N - body potential for transion metal[J]. Philos Mag A, 1984, 50: 45 - 55.

[70] Johnson R A. Analytic nearest - neighbor model for fcc metals[J]. Phys Rev B, 1988, 37: 3924 - 3931.

[71] Johnson R A. Alloy models with the embedded - atom method[J]. Phys Rev B, 1989, 39: 12554 - 12559.

[72] Johnson R A. Phase stability of fcc alloys with the embedded - atom method[J]. Phys Rev B, 1990, 41: 9717 - 9720.

[73] Stott M J, Zaremba E. Quasiatoms: An approach to atoms in nonuniform electronic systems[J]. Phys Rev B, 1980, 22: 1564 - 1583.

[74] Norskov J K, Lang N D. Effective - medium theory of chemical binding: Application to chemisorption[J]. Phys Rev B, 1980, 21: 2131 - 2136.

[75] Jacobsen K W, Norskov J K, Puska M J. Interatomic interactions in the effective - mediumn theory[J]. Phys Rev B, 1987, 35: 7423 - 7442.

[76] Foiles S M. Calculation of the surface segregation of Ni - Cu alloys with the use of the embedded - atom method[J]. Phys Rev B, 1985, 32: 7685 - 7693.

[77] Baskes M I. Application of the Embedded - Atom Method to Covalent Materials: A Semiempirical Potential for Silicon[J]. Phys Rev Lett, 1987, 59: 2666 - 2669.

[78] Baskes M I, Nelson J, Wright A. Semiempirical modified embedded -atom potential for silicon and germanium[J]. Phys Rev B, 1989, 40: 6085 - 6100.

[79] Baskes M I. Modified embedded – atom potentials for cubic materials and impurities[J]. Phys Rev B, 1992, 46: 2727 – 2742.

[80] Baskes M I. Atomistic model of plutonium[J]. Phys Rev B, 2000, 62: 15532 – 15537.

[81] Lee B J, Shim J H, Baskes M I. Semiempirical atomic potentials for the fcc metals Cu, Ag, Au, Ni, Pd, Pt, Al, and Pb based on first and second nearest – neighbor modified embedded atom method[J]. Phys Rev B, 2003, 68: 14411.

[82] Baskes M I, Muralidharan K, Stan M, et al. Using the modified embedded – atom method to calculate the properties of Pu – Ga alloys [J]. JOM, 2003, 41 – 50

[83] Daw M S, Baskes M I. Semiemirical, quantum mechanical calculation of Hydrogen embrittlement in metals[J]. Phys Rev Lett, 1983, 50: 1285 – 1288.

[84] Daw M S, Baskes M I. Embedded – atom method: Derivation and application to impurities, surface, and other defects in metals[J]. Phys Rev B, 1984, 29: 6443 – 6453.

[85] Jelinek B, Houze J, Kim S, et al. Modified embedded – atom method interatomic potentials for the Mg – Al alloy system [J]. Phys Rev B, 2007, 75: 054106.

[86] Lee B J, Baskes M I. Second nearest – neighbor modified embedded – atom – method potential[J]. Phys Rev B, 2000, 62: 8564 – 8567

[87] 许淑艳. 蒙特卡罗方法在实验核物理中的应用[M]. 北京: 原子能出版社, 1997.

[88] Kassner M E, Peterson D E. Bulletin Alloy Phase Diagrams, 1989, 10: 459.

[89] Kassner M E, Peterson D E. Bulletin Alloy Phase Diagrams, 1990, 2: 1843.

[90] Söderlind P. Ambient pressure phase diagram of plutonium: A unified theory for α – Pu and δ – Pu[J]. Europhys Lett, 2001, 55: 525 – 531.

[91] Savrasov S Y, Kotliar G. Ground – state theory of δ – Pu[J]. Phys Rev Lett, 2000, 84: 3670 – 3673.

[92] Bouchet J, Siberchicot B, Jollet F, et al. Equilibrium properties of δ - Pu: LDA + U calculations (LDA ≡ local density approximation) [J]. J Phys Condens Matter, 2000, 12: 1723 - 1733.

[93] Shick A B, Drchal V, Havela L. Coulomb - U and magnetic moment collapse in δ - Pu[J]. Europhys Lett, 2005, 69: 588.

[94] Shorikov A O, Lukoyanov A V, Korotin M A, et al. Magnetic state and electronic structure of the δ and α phases of metallic Pu and its compounds[J]. Phys Rev B, 2005, 72: 024458.

[95] Lawson A C, Roberts J A, Martinez B, et al. Invar effect in Pu - Ga alloys[J]. Phil Mag B, 2002, 82: 1837 - 1845.

[96] Moore K T, Laughline D E, Söderlind P, et al. Incorporating anisotropic electronic structure in crystallographic determination of complex metals: iron and plutonium[J]. Philos Mag, 2007, 87: 2571 - 2588

[97] Söderlind P. Theory of the crystal structures of cerium and the light actinides[J]. Adv Phys, 1998, 47: 959 - 998.

[98] Söderlind P, Landa A L, Klepeis J E. Elastic properties of Pu metal and Pu - Ga alloys[J]. Phys Rev B, 2010, 81: 224110.

[99] Söderlind P. Quantifying the importance of orbital over spin correlations in δ - Pu within density - functional theory[J]. Phys Rev B, 2008, 77: 085101.

[100] Söderlind P, Landa A L, Sadigh B. Density - functional investigation of magnetism in δ - Pu[J]. Phys Rev B, 2002, 66: 205109.

[101] Söderlind P, Sadigh B. Density - Functional Calculations of α, β, γ, δ, δ', and ε Plutonium[J]. Phys Rev Lett, 2004, 92: 185702.

[102] Wong J, Krisch M, Farber D L, et al. Crystal dynamics of δ fcc Pu - Ga alloy by high - resolution inelastic x - ray scattering[J]. Phys Rev B, 2005, 72: 064115.

[103] van der Laan G, Taguchi M. Valence fluctuations in thin films and the α and δ phases of Pu metal determined by 4f core - level photoemission calculations[J]. Phys Rev B, 2010, 82: 045114.

[104] Savrasov S Y, Kotliar G, Abrahams E Correlated electrons in δ -

plutonium within a dynamical mean - field picture [J]. Nature (London), 2001, 410: 793 - 795.

[105] Eriksson O, Becker D, Balatsky A, et al. Novel electronic configuration in δ - Pu[J]. J Alloys Compd, 1999, 287: 1 - 5.

[106] Landa A, Söderlind P, Ruban A. Monte Carlo simulations of the stability of δ - Pu[J]. J Phys Condens Matter, 2003, 15: L371 - 376.

[107] Wang Y, Sun Y. First - principles thermodynamic calculations for δ - Pu and ε - Pu[J]. J Phys Condens Matter, 2000, 12: L311 - 314.

[108] Huda M N, Ray A K. A density functional study of molecular oxygen adsorption and reaction barrier on Pu (100) surface [J]. Eur Phys J B, 2005, 43: 131 - 141.

[109] Wu X, Ray A K. Relaxation of the (111) surface of δ - Pu and effects on atomic adsorption: An ab initio study[J]. Eur Phys J B, 2001, 19, 345 - 351

[110] Fynn R A, Ray A K. A first principles study of the adsorption and dissociation of CO_2 on the δ - Pu (111) surface[J]. Eur Phys J B, 2009, 70:171 - 184.

[111] Robert G, Colinet C, Siberchicot B, et al. Phase stability of δ - Pu alloys: a key role of chemical short range order[J]. Modelling Simul Mater Sci Eng, 2004, 12: 693 - 707.

[112] Hecker S S, Harbur D R, Zocco T G. Prog. Mater. Sci., 2004, 49: 429 - 485.

[113] Rudin S P. Traits of bulk Pu phases in Pb - Pu superlattice phases from first principles[J]. Phys Rev B, 2007, 76: 195424.

[114] Björkman T, Eriksson O, Andersson P. Coupling between the 4f core binding energy and the 5f valence band occupation of elemental Pu and Pu - based compounds[J]. Phys Rev B, 2008, 78: 245101.

[115] Fynn R A, Ray A K. Does hybrid density functional theory predict a non - magnetic ground state for δ - Pu[J]. Europhys Lett, 2009, 85: 27008.

[116] Srinivasan A, Huda M N, Ray A K. A density functional theoretic study of novel silicon - carbon fullerene - like nanostructures:

Si40C20，Si60C20，Si36C24，and Si60C24[J]. Eur Phys J D，2006，39：227 - 236

[117] Gong H R，Ray A K. Quantum size effects in δ - Pu (110) films [J]. Eur Phys J B，2005，48：409 - 416.

[118] Svane A，Petit L，Szotek Z，et al. Self - interaction - corrected local spin density theory of 5f electron localization in actinides[J]. Phys Rev B，2007，76：115116.

[119] Petit L，Svane A，Szotek Z，et al. Simple rules for determining valencies of f - electron systems[J]. J Phys Condens Matter，2001，13：8697 - 8706.

[120] Prodan I D，Scuseria G E，Martin R L. Covalency in the actinide dioxides：Systematic study of the electronic properties using screened hybrid density functional theory[J]. Phys Rev B，2007，76：033101.

[121] Zhang P，Wang B T，Zhao X G. Ground - state properties and high - pressure behavior of plutonium dioxide：Density functional theory calculations[J]. Phys Rev B，2010，82：144110.

[122] Bouchet J，Albers R C，Jomard G. GGA and LDA＋U calculations of Pu phases[J]. J Alloys Compd，2007，444 - 445：246 - 248.

[123] Anisimov V I，Aryasetiawan F，Lichtenstein A I. First - principles calculations of the electronic structure and spectra of strongly correlated systems：The LDA ＋ U method[J]. J Phys Condens Matter，1997，9：767 - 808

[124] Sun B，Zhang P，Zhao X G. First - principles local density approximation＋U and generalized gradient approximation＋U study of plutonium oxides[J]. J Chem Phys，2008，128：084705.

[125] Shick A，Havela L，Kolorenc J，et al. Electronic structure and nonmagnetic character of δ - Pu - Am alloys[J]. Phys Rev B，2006，73：104415.

[126] Georges A，Kotliar G，Krauth W，et al. Dynamical mean - field theory of strongly correlated fermion systems and the limit of infinite dimensions[J]. Rev Mod Phys，1996，68：13 - 125.

[127] Lichtenstein A I，Katsnelson M I. Finite - Temperature Magnetism

of Transition Metals: An ab initio Dynamical Mean – Field Theory [J]. Phys Rev Lett, 2001, 87: 067205

[128] Pourovskii L V, Kotliar G, Katsnelson M I, et al. Dynamical mean – field theory investigation of specific heat and electronic structure of α – and δ – plutonium[J]. Phys Rev B, 2007, 75: 235107.

[129] Marco I D, Minár J, Chadov S, et al. Correlation effects in the total energy, the bulk modulus, and the lattice constant of a transition metal: Combined local – density approximation and dynamical mean –field theory applied to Ni and Mn[J]. Phys Rev B, 2009, 79: 115111.

[130] Söderlind P, Klepeis J E. First – principles elastic properties of α – Pu[J]. Phys Rev. B, 2009, 79: 104110.

[131] Dai X, Savrasov S Y, Kotliar G, et al. Calculated Phonon Spectra of Plutonium at High Temperatures[J]. Science, 2003, 300: 953 – 955.

[132] Shim J H, Haule K, Savrasov S, et al. Screening of Magnetic Moments in PuAm Alloy: Local Density Approximation and Dynamical Mean Field Theory Study[J]. Phys Rev Lett, 2008, 101: 126403.

[133] Cricchio F, Bultmark F, Nordström L. Exchange energy dominated by large orbital spin – currents in δ – Pu[J]. Phys Rev B, 2008, 78: 100404.

[134] Julien J P, Bouchet J. Ab initio Gutzwiller method: First application to plutonium[J]. Theor Chem Phys B, 2006, 15: 509 – 534.

[135] Julien J P, Zhu J X, Albers R C. Coulomb correlation in the presence of spin – orbit coupling: application to plutonium[J]. Phys Rev B, 2008, 77: 195123.

[136] Hay P J, Wadt W R. Ab initio studies of the electronic structure of UF_6 using relativistic effective core potentials[J]. J Chem Phys, 1979, 71: 1767.

[137] Hay P J, Martin R L. Theoretical studies of the structures and vibrational frequencies of actinide compounds using relativistic

effective core potentials with Hartree – Fock and density functional methods：UF_6 and PuF_6[J]. J Chem Phys, 1998, 109：3875 – 3881.

[138] Baskes M I, Chen S P, Cherne F J. Atomistic model of gallium[J]. Phys Rev B, 2002, 66：104107.

[139] Valone S M, Baskes M I, Martin R L. Atomistic model of helium bubbles in gallium – stabilized plutonium alloys[J]. Phys Rev B, 2006, 73：214209.

[140] 高涛, 王红艳, 蒋刚, 等. PuH 和 PuH_2 的分子与分子光谱[J]. 原子核物理评论, 2002, 19：13 – 16.

[141] 高涛, 王红艳, 朱正和, 等. PuH 分子的 $X^8\Sigma g^+$ 态的势能函数及热力学函数的第一性原理[J]. 原子与分子物理学报, 2000, 17：46 – 52.

[142] 李权, 刘晓亚, 王红艳, 等. PuH_n^+ ($n=1,2,3$)分子离子的势能函数与稳定性[J]. 物理学报, 2000, 49：2347 – 2351.

[143] 李赣, 孙颖, 汪小琳, 等. PuC 和 PuC_2 的分子结构与势能函数[J]. 物理化学学报, 2003, 19：356 – 360.

[144] 陈军, 蒙大桥, 杜际广, 等. Pu 氧化物的分子结构和分子光谱研究[J]. 物理学报, 2010, 59：1658 – 1664.

[145] 高涛, 王红艳, 易有根, 等. PuO 分子 $X^5\Sigma^-$ 态的势能函数及热力学函数的量子力学计算[J]. 物理学报, 1999, 48：2222 – 2227.

[146] 高涛, 朱正和, 李赣, 等. PuO 的基态分子结构与相对论有效原子实势[J]. 化学物理学报, 2004, 17：554 – 560.

[147] Berlu L, Jomard G, Rosa G, et al. A plutonium α – decay defects production study through displacement cascade simulations with MEAM potential[J]. J Nucl Mater, 2008, 374：344 – 353.

[148] Samarin S I, Dremov V V. A hybrid model of primary radiation damage in crystals[J]. J Nucl Mater, 2009, 385：83 – 87.

[149] Wolfer W G, Söderlind P, Landa A. Volume changes in δ – plutonium from helium and other decay products[J]. J Nucl Mater, 2006, 355：21 – 29.

[150] Gonze X, Beuken J M, Caracas R, et al. First – principles computation of material properties：the ABINIT software project [J]. Comput Mater Sci, 2002, 25：478 – 492.

[151] Gonze X. A brief introduction to the ABINIT software package [J].

Z Kristallogr, 2005, 220: 558 - 562.

[152] Torrent M, Jollet F, Bottin F, et al. Implementation of the projector augmented - wave method in the ABINIT code: Application to the study of iron under pressure[J]. Comput Mater Sci, 2008, 42: 337 - 351.

[153] Amadon B, Jollet F, Torrent M. γ and β cerium: LDA + U calculations of ground - state parameters[J]. Phys Rev B, 2008, 77: 155104.

[154] Segall M D, Shah R, Pickard C J, et al. Population analysis of plane -wave electronic structure calculations of bulk materials[J]. Phys Rev B, 1996, 54: 16317 - 16320.

[155] Rose J H, J. Smith R, Guinea F, et al. Universal features of the equation of state of metals[J]. Phys Rev B, 1984, 29: 2963 - 2969

[156] Cherne F J, Baskes M I, Deymier P A. Properties of liquid nickel: A critical comparison of EAM and MEAM calculations[J]. Phys Rev B, 2001, 65: 024209.

[157] Kim Y M, Lee B J, Baskes M I. Modified embedded - atom method interatomic potentials for Ti and Zr[J]. Phys Rev B, 2006, 74: 014101.

[158] Fisher E S, Mcskimin H J. Low - Temperature Phase Transition in Alpha Uranium[J]. Phys Rev, 1961, 124: 67 - 70.

[159] Jones M D, Albers R C. Spin - orbit coupling in an f - electron tight -binding model: Electronic properties of Th, U, and Pu[J]. Phys Rev B, 2009, 79: 045107.

[160] Moore K T, van der Laan G, Haire R G, et al. Oxidation and aging in U and Pu probed by spin - orbit sum rule analysis: Indications for covalent metal - oxide bond[J]. Phys Rev B, 2006, 73: 033109.

[161] Söderlind P, Landa A L, Sadigh B. Density - functional investigation of magnetism in δ - Pu[J]. Phys Rev B, 2002, 66: 205109.

[162] Kollar J, Vitos L, Skriver H L. Anomalous atomic volume of α - Pu[J]. Phys Rev B, 1997, 55: 15353 - 15355.

[163] Sadigh B, Wolfer W G. Gallium stabilization of δ - Pu: Density -

functional calculations[J]. Phys Rev B, 2005, 72: 205122.

[164] Shorikov A O, Lukoyanov A V, Korotin M A, et al. Magnetic state of plutonium ion in metallic Pu and its compounds [J]. Phys Rev B, 2005, 72: 024458.

[165] Niklasson A. M N, Wills J M, Katsnelson M I, et al. Modeling the actinides with disordered local moments[J]. Phys Rev B, 2003, 67: 235105.

[166] Zhu J X, McMahan A K, Jones M D, et al. Spectral properties of δ - plutonium: Sensitivity to 5f occupancy [J]. Phys Rev B, 2007, 76: 245118.

[167] Pourovskii L V, Katsnelson M I, Lichtenstein A I, et al. Nature of non - magnetic strongly - correlated state in δ - plutonium [J]. Europhys Lett, 2006, 74: 479.

[168] Arko A J, Joyce J J, Morales L, et al. Electronic structure of α - and δ - Pu from photoelectron spectroscopy [J]. Phys Rev B, 2000, 62: 1773 - 1779.

[169] Anisimov V I, Poteryaev A I, Korotin M A, et al. First - principles calculations of the electronic structure and spectra of strongly correlated systems: dynamical mean - field theory [J]. J Phys Condens Matter, 1997, 9: 7359 - 7367.

[170] Uberuaga B P, Valone S M. Simulations of vacancy cluster behavior in δ - Pu[J]. J Nucl Mater, 2008, 375: 144 - 150.

[171] Uberuaga B P, Valone S M, Baskes M I. Accelerated dynamics study of vacancy mobility in δ - plutonium[J]. J Alloys Compd, 2007, 444 - 445: 314 - 319.

[172] Bacon D J, Gao F, Osetsky Yu N. The primary damage state in fcc, bcc and hcp metals as seen in molecular dynamics simulations[J]. J Nucl Mater, 2000, 276: 1 - 12.

[173] Becquart C S, Domain C. Modeling Microstructure and Irradiation Effects[J]. Metall Mater Trans A, 42: 852 - 870

[174] Arsenlis A, Wolfer W G, Schwartz A J. Change in flow stress and ductility of δ - phase Pu - Ga alloys due to self - irradiation damage [J]. J Nucl Mater, 2005, 336: 31 - 39.

[175] Berlu L, Jomard G, Rosa G, et al. Computer simulation of point defects in plutonium using MEAM potentials[J]. J Nucl Mater, 2008, 372: 171 - 176.

[176] Mitchell J N, Gibbs F E, Zocco T G, et al. Modeling of structural and compositional homogenization of plutonium - 1 weight percent gallium alloys[J]. Metall Trans A, 2001, 32: 649 - 659.

[177] Zocco T G, Sheldon R I, Rizzo H F. Twinning in monoclinic beta - phase plutonium[J]. J Nucl Mater, 1991, 183: 80 - 88.

[178] Timofeeva L F. Phase transformations and some laws obeyed by nonvariant reactions in binary Plutonium systems[J]. Metal Sci Heat Treat, 2004, 46: 490 - 496.

[179] Turchi P E A, Kaufman L, Zhou S, et al. Thermostatics and kinetics of transformations in Pu - based alloys [J]. J Alloys Compd, 2007, 444 - 445: 28 - 35.

[180] Ellinger F H, Land C C, Struebing V O. J. Nucl. Mater. , 1964, 12: 226.

[181] Schwartz A J, Cynn H, Blobaum K J M, et al. Atomic structure and phase transformations in Pu alloys[J]. Prog Mater Sci, 2009, 54: 909 - 943.

[182] Zocco T G, Stevens M F, Adler P H, et al. Crystallography of the $\delta \rightarrow \alpha$ phase transformation in a Pu - Ga alloy[J]. Acta Metall Mater, 1990, 38: 2275 - 2282.

[183] Pereyra R A. Delta to alpha prime transformation of plutonium during microhardness testing [J]. Mater Charact, 2008, 59: 1675 - 1681.

[184] Jeffries J R, Blobaum K J M, Wall M A, et al. Evidence for nascent equilibrium nuclei as progenitors of anomalous transformation kinetics in a Pu - Ga alloy[J]. Phys Rev B, 2009, 80: 094107.

[185] Oudot B, Blobaum K J M, Wall M A, et al. Supporting evidence for double - C curve kinetics in the isothermal $\delta \rightarrow \alpha'$ phase transformation in a Pu - Ga alloy[J]. J Alloys Compd, 2007, 444 - 445: 230 - 235.

[186] Deloffre P, Truffier J L, Falanga A. Phase transformation in Pu -

Ga alloys at low temperature and under pressure: limit stability of the δ phase[J]. J Alloys Compd, 1998, 271 – 273: 370 – 373.

[187] Kubota A, Wolfer W G, Valone S M, et al. Collision cascades in pure δ – plutonium [J]. J Comput. Aided Mater Des, 2007, 14: 367 –378.

[188] Wolfer W G, Oudot B, Baclet N. Reversible expansion of gallium – stabilized δ – plutonium[J]. J Nucl Mater, 2006, 359: 185 – 191.

[189] Becker J D, Cooper B R, Wills J M, et al. Calculated lattice relaxation in Pu – Ga[J]. Phys Rev B, 1998, 58: 5143 – 5145.

[190] Weber W J, Wald J W, Matzke H. Effects of self – radiation damage in Cm – doped Gd2Ti2O7 and CaZrTi2O7[J]. J Nucl Mater, 1986, 138: 196 – 209.

[191] Weber W J, Ewing R C. Plutonium Immobilization and radiation effects[J]. Science, 2000, 289: 2051 – 2052.

[192] Caturla M J, Diaz de la Rubia T, Fluss M. Modeling microstructure evolution of f. c. c. metals under irradiation in the presence of He [J]. J Nucl Mater, 2003, 323: 163 – 168.

[193] Uberuaga B P, Hoagland R G, Voter A F, et al. Direct Transformation of Vacancy Voids to Stacking Fault Tetrahedra[J]. Phys Rev Lett, 2007, 99: 135501.

[194] Barashev A V, Golubov S I. Unlimited damage accumulation in metallic materials under cascade – damage conditions[J]. Philos Mag Lett, 2009, 89: 2833 – 2860.

[195] Larson D T, Haschke J M. XPS – AES characterization of plutonium oxides and oxide carbide[J]. Inorg Chem, 1981, 20: 1945 – 1950.

[196] Haschke J M, Allen T H, Morales L A. Reactions of plutonium dioxide with water and hydrogen – oxygen mixtures: Mechanisms for corrosion of uranium and plutonium[J]. J Alloys Compd, 2001, 314: 78 – 91.

[197] 魏洪源, 罗顺忠, 刘国平, 等. H 原子在 δ – Pu (100) 面吸附行为的周期性密度泛函理论研 [J]. 原子与分子物理学报, 2008, 25: 63 – 68.

[198] Gouder T, Havela L, Shick A B, et al. Electronic structure of Pu

carbides: Photoelectron spectroscopy[J]. Physica B, 2008, 403: 852 – 853

[199] Petit L, Svane A, Temmerman W M, et al. Electronic structure of Pu monochalcogenides and monopnictides[J]. Eur Phys J B, 2002, 25, 139 – 146.

[200] Sedmidubsky D, Konings R J M, Novák P. Calculation of enthalpies of formation of actinide nitrides[J]. J Nucl Mater, 2005, 344: 40 – 44.

[201] Petit L, Svane A, Szotek Z, et al. Ground – state electronic structure of actinide monocarbides and mononitrides[J]. Phys Rev B, 2009, 80: 045124

[202] Prodan I D, Scuseria G E, Martin R L. Assessment of metageneralized gradient approximation and screened Coulomb hybrid density functionals on bulk actinide oxides[J]. Phys Rev B, 2006, 73: 045104.

[203] Jollet F, Jomard G, Amadon B, et al. Hybrid functional for correlated electrons in the projector augmented – wave formalism: Study of multiple minima for actinide oxides[J]. Phys Rev B, 2009, 80: 235109.

[204] Wu X Y, Ray A K. A hybrid – density functional cluster study of the bulk and surface electronic structures of PuO_2[J]. Physica B, 2001, 301: 359 – 369.

[205] Burns C J. Bridging a Gap in Actinide Chemistry[J]. Science, 2005, 309: 1823 – 1824.

[206] Guéneau C, Chatillon C, Sundman B. Thermodynamic modelling of the plutonium – oxygen system[J]. J Nucl Mater, 2008, 378: 257 – 272.

[207] Vandermeer R A, Ogle J C, Northcutt W G J. A Phenomenological study of the shape memory effect in polycrystalline uranium – niobium alloys[J]. Metall Trans A, 1981, 12: 733 – 741.

[208] Vandermeer R A, Ogle J C, Northcutt W G J. A Phenomenological study of the shape memory effect in polycrystalline uranium – niobium alloys[J]. Metall Trans A, 1981, 12: 733 – 741.